国家重点研发计划项目(2017YFC0804401)
江苏省自然科学基金项目(BK20170271,BK20181357)
国家自然科学基金面上项目(51874278)
中国博士后科学基金面上资助项目(2018M642364)
江苏省博士后科研资助项目

煤与瓦斯突出预测的岩性地震反演方法研究

李娟娟　崔若飞　著

中国矿业大学出版社

内 容 简 介

本书主要研究内容包括:构造煤和原生煤物化性质的显著差异以及描述常见岩石物理量的经验关系公式,基于概率神经网络的叠后地震反演基本原理与实现,叠前地震反演基本原理与同步反演方法原理与实现,基于以上理论研究,以阳泉新景佛洼采区为例,对该区构造煤的分布进行预测,完成该区煤与瓦斯突出事故危险性评价。

本书可供从事煤田地震勘探解释及相关专业的科研人员参考。

图书在版编目(CIP)数据

煤与瓦斯突出预测的岩性地震反演方法研究/李娟娟,崔若飞著. —徐州:中国矿业大学出版社,2018.11

ISBN 978 - 7 - 5646 - 3655 - 5

Ⅰ.①煤… Ⅱ.①李… ②崔… Ⅲ.①煤突出—预测—地震勘探—重力反演问题—研究②瓦斯突出—预测—地震勘探—重力反演问题—研究 Ⅳ.①TD713②P631.4

中国版本图书馆 CIP 数据核字(2017)第 185600 号

书　　名	煤与瓦斯突出预测的岩性地震反演方法研究
著　　者	李娟娟　　崔若飞
责任编辑	王美柱
出版发行	中国矿业大学出版社有限责任公司
	(江苏省徐州市解放南路　邮编 221008)
营销热线	(0516)83884103　83885105
出版服务	(0516)83995789　83884920
网　　址	http://www.cumtp.com　**E-mail**:cumtpvip@cumtp.com
印　　刷	江苏淮阴新华印刷厂
开　　本	880×1230　1/32　**印张** 4.125　**字数** 119 千字
版次印次	2018 年 11 月第 1 版　2018 年 11 月第 1 次印刷
定　　价	22.00 元

(图书出现印装质量问题,本社负责调换)

前　言

　　煤炭资源作为我国主要能源,在一次能源构成中占70％左右,以煤为主的能源格局在今后 50 年内不会发生根本改变。但随着开采深度的不断增加,生产中深层地质灾害问题越来越突出,煤与瓦斯突出、水害等重大灾害事故频发,并具有日益加剧的趋势,尤其矿井瓦斯动力灾害给国民经济带来重大损失,严重威胁着人民的生命安全,被称为煤矿安全生产的"第一杀手"。我国 46％的煤矿属于高瓦斯矿井,瓦斯含量大、煤层透气性低,开采前的瓦斯抽采难度大,加之煤田构造十分复杂,地应力大,采掘时极易发生瓦斯突出现象,瓦斯事故已经成为导致我国煤矿特大恶性事故的"头号杀手","瓦斯不治,矿无宁日"。面对如此严峻的煤矿安全形势,深入研究矿井和瓦斯地质赋存情况,为矿井安全生产提供可靠地质保障和科学依据刻不容缓。

　　煤与瓦斯突出作为一类极其复杂的动力灾害受到多重因素影响。其中,煤体结构发育类型是影响瓦斯突出事故的重要因素,构造煤是煤与瓦斯突出事故发生的必要条件。破碎煤、碎粒煤和糜棱煤是煤层中的软煤,统称为"构造煤",作为煤层层间滑动构造的产物,属于煤与瓦

· 1 ·

斯突出事故易发生的高危煤体。利用有效手段对构造煤分布范围作出准确预测,有的放矢地加强构造煤区的通风治理工作,可以预防煤与瓦斯突出事故的发生。基于此,本书主要应用岩性地震反演的方法,完成叠后和叠前地震反演计算生成多种物性参数体进行综合解释,寻找研究煤层内部构造煤体发育区,作为预测煤与瓦斯突出潜在危险性的有利地质依据。这给解决日益加剧的矿井煤与瓦斯动力灾害事故提供了一种新的途径,给矿井安全生产提供了可靠有效的评价依据。同时,我国煤层气资源十分丰富,位居世界第三位,通过岩性反演手段预测煤层气富集部位,对煤层气资源大规模开发具有重大理论和现实意义。

本书主要研究成果如下:① 归纳了构造煤与原生煤不同的地球物理特征,总结了描述岩石物理性质的经验公式,为速度、密度以及其他岩石物理量相互转化提供依据,为后续研究该领域的学者提供理论参考。② 完成了原始地震资料的叠前保真处理,进行地表一致性预测反褶积、地表一致性振幅补偿以及地表一致性剩余静校正等地表一致性处理过程,应用 CGG 软件 lemur 模块去除原始地震资料较强的线性干扰,剩余静校正与速度分析迭代进行,并将多次速度分析的精确速度场用于角度道集的抽取。③ 完成了 PNN 反演,训练 PNN 挖掘地震属性与孔隙率属性之间的非线性关系,计算佛洼区孔隙率数据体,反演过程融合了常规反演结果和多种地震属性,降低了常规反演的多解性,结果可作为煤层构造煤分布

预测的定性解释依据。④ 利用 19°角度道集和常规叠后
CMP 道集完成了佛洼区弹性波阻抗和声波阻抗的反演
工作,联合 AI 和 EI 两种数据体定量解释了煤层构造煤
的分布。⑤ 通过同步反演计算纵横波波阻抗和速度等 6
个岩性数据体,利用 LMR 数学变换生成两个岩性指示因
子——$\lambda * \rho$ 和 $\mu * \rho$ 数据体,在岩性指示因子数据体上提
取沿煤层切片制作交会图,来定量解释煤层构造煤分布
区域。⑥ 将孔隙率切片作为定性解释成果,EI 与 AI 切
片数据交会图作为定量解释结果圈定构造煤分布区。综
合利用各种岩性反演方法解释结果,提高了解释结果可
信度。⑦ 提出了物理量综合评价因子的概念,作为孔隙
率、AI、EI、$\lambda * \rho$ 和 $\mu * \rho$(归一化后)数据的线性组合,揭
示了构造煤可能较大范围分布区域和构造煤分布区域,
即为易发生煤与瓦斯突出煤层和煤与瓦斯突出高危
煤层。

在本书的撰写过程中,特别感谢中国矿业大学潘冬
明教授的悉心指导,感谢北卡罗来纳大学陈圣恩教授提
出的宝贵意见,在此一并表示感谢! 由于笔者水平所限,
书中难免存在错误和不妥之处,恳请读者批评指正。

著　者

二〇一八年六月于中国矿业大学

目　　录

1 绪 论

1.1 研究问题的提出和研究意义

1.1.1 研究问题

煤炭资源作为我国主要能源,在一次能源构成中占 70% 左右(俞启香,1993;周世宁,1999;何继善,1999;程五一,2005),以煤为主的能源格局在今后 50 年内不会发生根本性改变。但随着开采深度的不断增加,生产中深层地质灾害问题越来越突出,煤与瓦斯突出、水害等重大灾害事故频发,并具有日益加剧的趋势。尤其矿井瓦斯动力灾害(瓦斯煤尘爆炸和煤与瓦斯突出等)给国民经济带来重大损失,严重威胁着人民的生命安全,我国被列为世界煤与瓦斯突出事故危害最严重的国家之一(姚宝魁,1993)。我国煤炭产量占全世界总产量的 37% 左右,事故死亡人数却占全世界煤矿死亡总人数的 70% 左右,而瓦斯事故在煤矿重大灾害事故中占 70% 以上,其危害性最大,伤亡人数占煤矿总事故伤亡人数的 40% 以上(程五一,2005),被称为煤矿安全生产的"第一杀手"。

2004 年 10 月,郑煤大平矿发生特大瓦斯爆炸事故,造成了 148 人死亡和无法估量的经济财产损失;2009 年 2 月,山西屯兰煤矿突发特大瓦斯爆炸事故,造成了 74 人死亡;2011 年,发生 5 起重、特大的煤与瓦斯突出事故,造成 117 人死亡(陈奇,2012)。从 20 世纪 50 年代首次发生突出到现在我国累计发生突出 15 000 次以上,发生突出的矿井已经超过 270 个,发生突出的最浅深度为 75 m;据统计,仅 2006 年上半年,全国发生了 144 起瓦斯事故,死亡人数超过 500 人。

我国 46% 的煤矿属于高瓦斯矿井,瓦斯含量大、煤层透气性低,开采前的瓦斯抽采难度大。加之煤田构造十分复杂,地应力大,采掘时极易发生瓦斯突出现象,瓦斯事故已经成为导致我国煤矿特大恶性事故的"头号杀手","瓦斯不治,矿无宁日"。面对如此严峻的煤矿安全形势,深入研究矿井和瓦斯地质赋存情况,为矿井安全生产提供可靠地质保障和科学依据刻不容缓。

1.1.2 构造煤预测对煤与瓦斯突出事故防治的意义

煤与瓦斯突出作为一类极其复杂的动力灾害受到多重因素影响。人为影响因素主要包括大规模煤矿开采活动和矿井通风条件等,客观因素包括煤层埋藏深度、煤层力学性质与顶底板封存条件及煤层瓦斯的压力与含量等。不同类型煤体发生煤与瓦斯突出事故危险性差别很大。张子敏(2005)根据煤体宏观和微观结构特征将煤体结构划分为 4 种类型:原生结构煤、破碎煤、碎粒煤与糜棱煤,总结了煤体结构与瓦斯突出的关系。其中,破碎煤、碎粒煤和糜棱煤是煤层中的软煤,统称为"构造煤",作为煤层层间滑动构造的产物,属于煤与瓦斯事故易发生的高危煤体。利用有效手段对构造煤分布范围作出准确预测,有的放矢地加强构造煤区的通风治理工作,可以预防煤与瓦斯突出事故的发生。

本书应用岩性地震反演的方法,完成叠后和叠前地震反演计算生成多种物性参数体进行综合解释,寻找研究煤层内部构造煤发育区,来作为预测煤与瓦斯突出潜在危险性的有利地质依据。这给解决日益加剧的矿井煤与瓦斯动力灾害事故提供了一种新的途径,给矿井安全生产提供了可靠有效的评价依据。

同时,我国煤层气资源十分丰富,位居世界第三位,通过岩性反演手段预测煤层气富集部位,对煤层气资源大规模开发具有重大理论和现实意义。

1.2　国内外研究现状

1.2.1　煤与瓦斯突出预测研究现状

（1）煤与瓦斯突出的机理研究概述

近年来国内外观测了诸多煤与瓦斯突出事件,通过众多瓦斯突出案例,总结了防治突出的经验和教训,其中,包括瓦斯预测和治理理论技术以及开发利用煤层中瓦斯资源等方面。许多国家非常重视研究煤与瓦斯突出的机理,并取得了一定成果。由于突出机理的复杂性及突出现象的多样性,现阶段对其机理认识仍处于假说阶段。

国外对煤与瓦斯突出机理假说研究成果大致归纳为 4 类:瓦斯作用假说、地应力假说、化学本质假说和综合作用假说。瓦斯作用假说认为煤体内储存的高压瓦斯是突出中起主要作用的因素,其代表有"瓦斯包说"、"粉煤带说"、"煤孔隙结构不均匀说"等;地应力假说认为突出主要是高地应力作用的结果,主要代表有"岩石变形潜能说"、"应力集中说"、"应力叠加说"等;化学本质假说认为突出由很大深度内发生煤和瓦斯变质时化学反应引起;综合作用假说认为突出是由地应力、瓦斯压力及煤的力学性质等因素综合作用的结果,全面地考虑了突出发生的作用力和介质两方面因素,得到了国内外大多数学者普遍承认,其代表有"振动说"、"分层分离说"、"游离瓦斯说"、"能量假说"及"应力分布不均匀说"等。苏联学者霍多特研究认为,突出是煤变形潜能和瓦斯内能引起的,在煤层应力状态发生突然变化时,潜能释放引起煤体快速破坏。煤层埋深、瓦斯压力、瓦斯含量、煤的强度等是突出激发和发展的主要因素,采矿因素也有一定影响。

从 20 世纪 60 年代起我国对突出煤层的应力状态、瓦斯赋存状态和煤的物理力学性能等开展了一系列研究,根据现场资料和实验研究对突出机理进行了探讨,提出了新的见解假说,概括起来主要有以下 5 种假说:中心扩张学说(于不凡,1975,1979),流变假说(周世

宁、何学秋,1990),二相液体假说(李萍丰,1989),固流耦合失稳理论
(梁冰、章梦涛,1995)和球壳失稳理论(蒋承林、俞启香,1995)。

（2）煤与瓦斯突出预测方法

1834 年 3 月 22 日,发生了人类历史上记录的第一次瓦斯突出
事故——法国鲁尔煤田伊萨克矿井瓦斯事故,各国学者开始不懈努
力研究并提出了多种瓦斯预测方法来预测突出事故。

国内煤与瓦斯突出预测技术主要包括静态（不连续）预测、动态
（连续）预测技术两种。前者包括综合指标 D 与 K 法、R 值综合指标
法、钻屑单项指标法、钻屑综合指标法和钻孔瓦斯涌出初速度法等;
后者主要包括声发射技术（石显鑫,1998;聂百胜,2000;邹银辉,
2005）、无线电波透视探测技术、瑞雷波和弹性波 CT 法等以震波为
主的弹性波技术（1999,何继善;聂百胜,2000;漆旺生,2003）等。

近年来,模糊数学、分形与混沌理论等现代数学理论和以人工神
经网络为基础的计算机理论在煤矿瓦斯突出预测研究中得到了较为
广泛的应用,取得了较好的预测结果。彭苏萍（2003）等将 Bayes 逐
步判别分析法应用到煤矿瓦斯分区评价;陈福等（2003）将虚拟现实
技术应用于矿井瓦斯爆炸的模拟研究;李念友等（2004）应用灰色关
联法分析煤与瓦斯突出的控制因素;吴财芳等（2003）以遗传神经网
络为基础进行了瓦斯含量的预测;范金志等（2004）应用模糊综合评
判对工作面煤与瓦斯突出危险性进行评价;吴财芳和张晓东等
（2004）基于专家系统对煤与瓦斯突出区域预测进行了研究,并对平
顶山十二矿进行了瓦斯地质区划;刘长双等（2006）基于分形理论预
测研究瓦斯突出区域,划分了突出危险区、突出威胁区和无突出危险
区;王富国等（2007）利用多元线性回归方法对未采区煤层瓦斯涌出
量进行预测;苗琦等（2008）通过建立灰色神经网络模型来预测煤与
瓦斯突出;王超等（2009）建立了煤与瓦斯突出预测的距离判别分析
模型,预测精度较高;李春辉等（2010）利用非线性 BP 人工神经网络
建立煤与瓦斯突出强度预测模型,来预测煤与瓦斯突出强度。

地球物理探测技术应用于瓦斯地质条件探查领域,成为近年来

发展速度较快的地球物理研究分支之一。该技术具有非接触、无损、超前、快速、简便、高效和低成本等其他技术无法比拟的突出技术优势,采用各种物理量或物理场开发解决瓦斯地质问题的新技术,具有广阔发展空间。利用瑞利波探测技术预测岩巷与煤巷连接的安全厚度、预测巷道前方的裂缝带和断层位置;通过槽波和无线电透视探测技术预测采煤工作面内的瓦斯聚集应力区;采用声发射和电磁发射电磁辐射监测技术预测瓦斯运移(王恩元,2000;聂百胜,2000;刘明举,2003;何学秋,2007;李博,2009;肖红飞,2009);近几年发展的矿井超前探技术等矿井地球物理探测技术以其无损、高效和低成本的优势在防止瓦斯突出事故中发挥了一定作用(漆旺生,2008;汪治军,2011)。

中国矿业大学(北京)的彭苏萍院士(2005)等应用 AVO 技术检测煤层割理裂隙来预测煤层瓦斯富集部位,验证了 AVO 方法探测煤层气的可行性;杨双安(2006)研究了煤田地震资料上游离态瓦斯存在的地震波特征,提出慢纵波出现是游离态瓦斯存在的识别标志;胡朝元(2011)应用 AVO 反演技术对已知煤与瓦斯突出位置进行研究,得出煤与瓦斯突出位置梯度和截距值大于非突出位置的结论;卢俊(2011)通过联合多波地震数据测井数据反演,预测了定量煤层坚固性系数,从而划分了煤与瓦斯突出的高危突出区。

中国矿业大学崔若飞教授提出利用地震岩性反演技术预测煤体结构的设想,利用测井数据对井旁地震资料进行约束,推断构造煤平面分布和厚度变化、顶底板岩性及其各种属性岩性体,寻找构造煤分布区域来评价煤矿瓦斯突出的危险性。笔者在前人研究的基础上,尝试利用地震岩性反演的方法评价构造煤分布进而完成煤矿瓦斯突出危险性的预测。

1.2.2 地震叠前反演方法研究现状

(1) 弹性波阻抗技术的发展历史

波阻抗反演技术是利用地震资料反演地层声波阻抗(Acoustic

Impedance, AI)的地震特殊处理解释技术,于 20 世纪 70 年代开始出现,80 年代得到了蓬勃发展,90 年代后期达到应用高峰。但 1997 年左右出现了一些反思的文章,一些专家学者指出了声波阻抗反演中的陷阱,同时提出了相应的解决方案。

1999 年 BP Amoco 公司的 Patrick Connolly 首次提出了弹性波阻抗(Elastic Impedance, EI)的概念,作为纵波和横波速度、密度以及入射角的函数,在墨西哥湾寻找油气的实践中证实 EI 对流体以及岩性探测能力明显优于 AI(Patrick Connolly, 1999)。EI 的出现改变了地震波垂直入射假设前提,巧妙地将 AVO 问题和地震道反演相结合,将地震反演技术向前推进了一大步。随后 ARCO 公司的 Milos 和 Verwest 根据 Alpline 油田的 EI 反演实践发现,砂岩储层和某些页岩具有相同的 AI 范围,但在 EI 上却可以有效地区分,如果同时使用 AI 与 EI 可以确定一个趋势线,有助于从页岩中区分砂岩降低钻井开发风险。David N. Whitcombe(2002)等人对 EI 公式进行了改进,提出了可用于岩性和流体预测的扩展弹性波阻抗(Extended Elastic Impedance, EEI),解决了 EI 量级随入射角剧烈变化的问题,提高了对岩性和流体的检测能力,并利用 AI-GI 交会图分辨含碳氢化合物与含水砂岩。Verwest(2004)等人通过引入不变的地震射线参数作为参量,推出了另外一种弹性波阻抗计算公式,提高了反射系数精度。2004 年,射线弹性波阻抗(RI)技术被成功地用于预测碳水化合物的分布(Ma 和 Morozov, 2004; Santos 和 Tygel, 2004)。

国内学者对弹性波阻抗研究也日趋深入。王保丽等(2007)从 Gray 公式出发,根据 EI 反演原理直接从地震数据中提取的拉梅常数等弹性参数更适合进行流体的预测;马劲风(2003)研究了广义弹性波阻抗反演理论和算法;王仰华提出了射线波阻抗的概念,简化了 EI 的实现过程;印兴耀等(2010)利用 Russell 提出的多孔流体饱和弹性介质的 Zoeppritz 近似方程,推导了以流体项、拉梅系数及密度表示的 EI 公式,实现了对不同流体类型的有效区分。

（2）同步反演技术的应用现状

继 Connolly 提出 EI 公式之后，Rasmussen（2004）提出了叠前 AVA（Amplitude Versus Angle）同步反演，该技术从多个部分角度叠加数据体中反演出纵横波波阻抗、速度和密度等数据体，丰富了岩性和流体识别手段。CGG Veritas Hampson-Russell 软件公司的 Hampson（2005）在前人工作的基础上，从 Aki-Richard 近似方程出发改进了同步反演（Simultaneous Inversion）的理论基础。L. Vernik（2001）通过同步反演获得了纵波阻抗和横波阻抗，并用于估算储层有效厚度与总厚度比值，并在墨西哥深水海湾 Horn Mountain 油田进行试验，结果证明明显地改善了对该油田的储层描述情况。

一些国内学者利用同步反演技术提取了多种岩性参数，在推测储层横向物性变化及剩余油气分布等方面取得了突破，实现了半定量解释。孟宪军等（2004）提出了广义非线性同步反演方法，提高了同步反演方法的稳定性。

1.2.3　地震属性技术研究现状

20 世纪 60 年代，亮点技术的出现使地球物理学家认识到地震数据中隐含着除了构造以外的信息，70 年代提取了对油气勘探有极其重要意义的振幅、频率、相位和极性四类地震属性。Taner 和 Sheriff（1977）提出了复数道的概念，第一次引入了"地震属性"这一术语。80 年代出现了大量地震属性参数，但大多数地质意义并不明确，只在数学等其他领域有明确意义，此时发展起来的多属性分析技术与地质结合不紧密。80 年代后期出现的多维属性分析和 90 年代出现的连续属性分析，有了明确的地质意义给地震属性带来了新的生命。90 年代中期出现了地震属性的分类学研究，Quincy Chen（1997）提出了包含按属性提取方法、地震波的运动学和动力学特征以及按储层特征三类分类方法。

地震属性技术是目前构造和岩性勘探最重要的解释技术之一。起初国内在译名上并不完全统一，类似译名还有地震特征、地震参数和地震标志等,直到近几年才基本统一称为地震属性。地震属性种类众多,分类没有统一标准,不同学者分别提出过不同的分类标准。国外一些学者把地震属性分为 7 大类:瞬时属性、时窗频谱属性、选代属性、带通属性、多道属性、AVO 属性和基于模型的属性七类(B. H. Russell,2004);结合煤田地震勘探的特点,根据地震运动学和动力学特征把地震属性分成 8 个类别:振幅、波形、频率、衰减、相位、相关、能量和比率。地震属性类型很多,要根据解决具体地质问题来选择相应的地震属性。相干、方差和曲率属性作为用来解释小断层与裂隙发育等小构造的常用方法,地震波峰值频率、波峰波谷时间和带宽等属性与地层厚度密切相关。

　　近年来,地震属性技术在地震勘探领域得到了广泛应用。Fernando A. Neves(2004)提出利用谱分解和相干属性有效地识别了非连续性地层;Ogiesoba(2009)通过计算余弦相位属性体的相干属性来提高对断层的分辨能力;Satinder Chopra(2007b)选取了沿储层层位的最大负相位曲率属性,来研究储层的裂隙发育分布,通过统计裂隙分布计算得到裂隙发育的玫瑰图;Lee Hunt(2010)综合利用 AVAz 梯度属性、VVAz 速度差异和属性正曲率属性定量预测了储层裂隙密度;Lee Hunt(2011)通过综合利用体曲率属性、钻孔应力测试结果和地质力学来预测裂隙成因;Puneet Saras-wat(2012)通过利用人工免疫系统以曲率属性、相干属性和 AVO 属性作为输入,输出结果为受噪声影响较小的属性,并以输出属性为基础,完成了基于自组织神经网络的地震相分析;Eric von Lunen(2012)认为通过岩芯和钻孔数据的校正,相干属性、曲率属性和横向各向异性等属性可用于预测裂隙发育区;Satinder Chopra(2009)交会显示曲率和相干两种属性,提高了地震资料解释断层和裂隙解释的可信度。

　　20 世纪 90 年代初期,地震属性技术在油气地震勘探中得到了广泛的应用,在储层预测和油藏描述上取得了一定的成果,但仍停留在单一属性的应用阶段。1994 年,Schultz 等人首次提出了联合使用多种属性预测储层物性参数的方法,至此地震属性技术逐步走向了多种属性综合利用阶段。Schultz 等人指出使用多种地震属性预测物性参数的方法实质是寻找多种属性与岩石物性参数的一种数学相关关系,而这种关系通常是一种统计学关系,不是一种确定性关系(Schultz,1994)。以选取特定地震属性作为输入,反映地下岩石物性特征的测井曲线属性作为输出,通过数学统计手段发掘输入和输出之间的线性或者非线性关系,这里通俗地称作使用多种属性来预测测井曲线(如 P 波速率、孔隙率和泊松比等)。本书作者借助概率神经网络完成岩性地震属性反演计算。

1.2.4　概率神经网络反演技术研究现状

人工神经网络技术是一种规模并行处理的高度复杂非线性动力学系统,是目前用来描述非线性关系的最有效方法之一。人工神经网络研究涉及很多内容,包括基本理论、网络模型、学习算法及应用研究等方面。反向传播学习算法、竞争学习算法和模拟退火算法等是实际理论和应用中较成熟的算法,其中,反向传播学习算法由 D. F. Rumelhart和 J. L. McCelland 工作小组于 1986 年设计研究,据不完全统计,超过 90%的神经网络都基于这一算法——被称为人工神经网络中应用最广泛的算法(李娟娟,2012)。人工神经网络已经成功地应用到了许多领域,20 世纪 80 年代被引入地球科学领域。M. M. Saggaf(2003)等欲从地震数据中估计储层参数,采用平滑神经网络技术缓和了存在的非单调问题且帮助解决了数据过度匹配问题;P. An(2005)等应用前馈神经网络进行油藏描述压制了背景噪声而且有效地识别了薄层横向边界。

1.3　研究内容和方法

煤与瓦斯突出事故严重威胁着矿区人民生命和生产安全,深入研究矿井和瓦斯地质赋存成为首要解决的问题。基于构造煤为发生煤与瓦斯突出事故的必要条件即为瓦斯赋存主要场所的思想,预测煤层中构造煤体的分布,在未开采之前有的放矢进行构造煤较大分布区的治理无疑对预防突出事故意义重大。本书尝试通过地震岩性反演的手段,反演各种属性体和岩性体进行评价解释煤层中构造煤分布范围区,来实现评价瓦斯突出的潜在危险性大小目标,研究的内容和方法主要有以下几个方面:

(1) 研究构造煤与原生煤的地球物理特征。从物化性质、测井响应和岩石物理特征等方面分析两种煤体的显著差异并归纳总结了密度、速度等物理量的经验转换公式,以此作为识别煤层中构造煤体的基础理论依据。

(2) 采用 PNN 反演技术完成地震属性方法反演,研究地震属性反演的基本理论和 PNN 反演实现的基本过程。利用 PNN 寻找孔隙率测井属性与地震属性之间的非线性关系,生成研究矿区 15# 煤层的孔隙率数据体,实现定性评价构造煤分布的目标。

(3) 完成原始地震资料叠前保真处理。研究野外去噪、地表一致性振幅补偿、反褶积和静校正等处理方法的实现原理,在保护地震波振幅相对关系不发生变化前提下完成叠前保真处理。最终生成常规叠加道集与 5 个角度叠加道集。

(4) 完成研究区弹性波阻抗和声波阻抗地震反演工作。整理 EI 反演的基本理论,实现 EI 与 AI 两种岩性反演技术的对比和解释,通过 15# 煤层 EI 和 AI 反演剖面和切片证明 EI 反演岩性勘探的优越性,利用沿层切片来定量地圈画煤层中构造煤体的分布范围。

(5) 完成研究区同步反演计算工作。整理同步反演基本理论,反演计算纵横波波阻抗、纵横波速度比等数据体,通过 LMR 变换生成 $\lambda * \rho, \mu * \rho$ 两个岩性指示因子数据体,提取研究区 15# 煤层属性沿层切片来定量预测构造煤体的分布区域。

(6) 利用多种岩性反演成果完成综合解释。孔隙率数据体作为定性解释的基本依据,分别将 EI($\leqslant 0.17$)&AI($\leqslant 0.2$)(EI＜AI)交

会图与 $\lambda * \rho(\leqslant 15)\& \mu * \rho(\leqslant 10)$ 交会图投影作为定量解释的依据综合预测。

（7）提出并构建物理量综合评价因子 X，根据 X 大小全区划分为 5 个区域评价煤层中构造煤的分布。

2 煤与瓦斯突出预测的地球物理学基础

2.1 构造煤体的地球物理特征

关于构造煤的定义很多研究者持有不同意见。本书厘定它为原生煤经历一期或多期地壳运动,严重破坏了原生结构,形成具有不同结构和构造,呈现碎粒状、片状或粉状的煤体。图 2-1 所示为淮北某矿构造煤煤样,可见典型的构造煤与原生煤结构和构造上差别显著。一般煤体在构造应力作用下经历了脆性变形、脆韧性变形和韧性变形三个变形阶段,经过强烈变形的煤体原生构造受到强烈的破坏,岩体破碎物理性质发生了显著变化,孔隙率明显增大,岩石硬度大大降低,富含这类煤体的瓦斯赋存区易发生煤与瓦斯突出事故。一般来说,构造煤是煤体发生瓦斯突出的必要条件,其发育程度是评价瓦斯突出危险性的重要依据之一。

张子敏(2005)以瓦斯突出的难易程度和构造煤的类型为依据,根据煤体宏观和微观结构特征,将煤体结构划分为 4 种类型:原生结构煤、碎裂煤、碎粒煤与糜棱煤。他总结了瓦斯突出与 4 类煤体结构的相关关系:原生结构煤呈较大块体,块体之间没有相对位移,为非突出煤体;碎裂煤呈棱角块状,已发生相对位移,处于非突出向突出煤体过渡的煤体结构;碎粒煤呈揉捻的碎块有构造镜面,为易发生突出的煤体结构;糜棱煤的煤体呈更细揉捻的碎块,有构造和褶皱镜面发育,为 4 种煤体结构中最易发生突出的煤体。

根据以上煤体结构与瓦斯突出的相关关系,可得出如下结论:

(a)　　　　　　　　　　　(b)

(c)　　　　　　　　　　　(d)

图 2-1　某矿构造煤煤样(引自曲争辉博士论文,2010)

　(1) 瓦斯突出与煤层所经历的构造运动关系密切。

　(2) 没有经过构造运动破坏,煤层原生结构发生瓦斯突出事故的可能性极低;如果被构造运动破坏,则煤层较容易发生瓦斯突出。瓦斯突出事故发生的可能性与煤层的破坏程度大小呈正相关关系即煤层越破碎发生瓦斯突出事故的可能性越高。

2.1.1　构造煤与原生煤的物性差异

　在构造应力作用下,原生煤体在成分、构造和结构方面发生了显著变化,原生煤与构造煤在物理性质和化学性质方面存在巨大差异,主要表现在以下几个方面:

　(1) 原生煤演化为构造煤过程中,中孔、过渡孔以及微孔隙的孔

・ 13 ・

容都不同程度增加,降低了煤层的密度。一般地,一个井田内同一煤层,构造煤密度要低于原生煤。

(2)构造煤层较破碎,所含自由基和小分子数量增加,与所含水分子共同作用引起煤层电化学性质发生变化;煤层导电网络变得更发达,导电离子更能自由地迁徙移动,随着破碎程度的增大煤层的电阻率在不断减小。

(3)构造煤结构较松散,具有较低的声波传播速度。

(4)构造煤比较破碎,其强度系数比原生煤要低,力学强度参数一般小于原生煤。

2.1.2　构造煤的测井响应特征

由前述分析可知,构造煤和原生煤在密度、电化学性质及声波速度等方面存在显著差异,相应地两种煤体测井曲线的响应也大相径庭。在该煤系地层进行地球物理测井时,密度、视电阻率、井径等测井曲线易识别出构造煤体,图 2-2 所示为某矿密度测井和三侧向视电阻率测井曲线,椭圆圈画区域为煤层中出现构造煤测井曲线异常区,构造煤发育的煤层视电阻率测井曲线相比原生煤出现了明显下降,而在密度测井曲线上构造煤发育煤层也通常表现为低值异常。

总之,构造煤与原生煤体物理性质和测井响应的显著差异,是识别煤层中构造煤的基本依据。笔者通过岩性地震反演的方法来计算煤层的孔隙率、密度和速度等岩性参数数据体,以低异常标准(孔隙率体例外)识别煤层中构造煤的分布区,来完成煤与瓦斯突出危险性评价工作。

2.2　构造煤的岩石物理特征

从描述岩性特征的弹性参数和弹性模量入手研究构造煤的岩石物理特征。

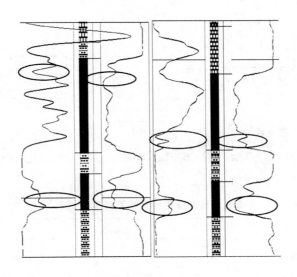

图 2-2　某矿 15# 煤层密度测井和三侧向视电阻率测井曲线

　　岩石受到外力作用发生压缩(拉伸)形变、剪切形变和体积形变三种形变(图 2-3),利用胡克定律描述完全弹性介质发生形变的应力和应变之间的线性关系。依据胡克定律和应变形式,主要有杨氏模量(E),剪切模量(μ)和体积模量(K)来描述岩石的变形大小。此外,在岩石物理学中拉梅系数 λ 作为较常用弹性模量,该物理量人为定义,没有实际的物理意义。弹性模量主要决定岩石的弹性特征,同时也直接决定着其他弹性参数。

　　在岩石物理学中,波传播速度和泊松比(ν)是最常用弹性参数。波的速度主要分为纵波和横波速度两种类型,纵波速度主要由岩石的剪切模量、体积模量和密度决定,剪切模量和密度参数决定横波速度,由于流体中不存在剪切应力($\mu=0$)不能传播横波。另外,纵横波速度之比(γ)也是岩性地震勘探中比较重要的参数。泊松比(ν)表示物体受到拉伸应力时,横向缩短和纵向伸长的比值。表 2-1 阐释了弹性模量和弹性参数之间的相互转化关系。

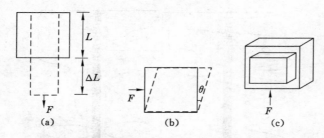

图 2-3 压缩(拉伸)形变(a)、剪切形变(b)和体积形变(c)

表 2-1 弹性模量和弹性参数相互关系一览表

参 数	符 号	公 式	单 位
弹性模量	E	$E = \dfrac{\rho v_s^2 (3v_p^2 - 4v_s^2)}{2v_p^2 - v_s^2}$	Pa
剪切模量	μ	$\mu = \rho v_s^2$	Pa
体积模量	K	$K = \rho \left(v_p^2 - \dfrac{4}{3} v_s^2\right)$	Pa
泊松比	ν	$\nu = \dfrac{v_p^2 - 2v_s^2}{2(v_p^2 - v_s^2)}$	—
纵波速度	v_p	$v_p = \sqrt{\dfrac{\lambda + 2\mu}{\rho}}$	m/s
横波速度	v_s	$v_s = \sqrt{\dfrac{\mu}{\rho}}$	m/s
纵、横波速度比	γ	$\gamma = \sqrt{\dfrac{\lambda + 2\mu}{\mu}}$	—
拉梅常数	λ	$\lambda = \rho(v_p^2 - 2v_s^2)$	Pa

原生煤体在地质构造应力作用下,伴随着围岩发生褶皱和断裂,并且发生弯曲变形和顺层滑动形成构造煤。不同煤体结构类型的煤在颗粒组成、非均质性以及各向异性等性质上都存在巨大的差异,一

般表现为煤体力学性质的不同。瓦斯突出和非瓦斯突出煤体在弹性参数和超声波波速测试方面表现出很大的差异,如表 2-2 所示。

表 2-2(a)　煤体的弹性参数测定结果(何继善等,1999)

煤体类型	E/MPa	μ/MPa	K/MPa	ν	λ
瓦斯突出煤体	2 100	923.97	3860.3	0.364	2 060.3
非突出煤体	6 400	27 234	4 923.1	0.175	1 466.4

表 2-2(b)　不同地区不同煤体结构类型超声波测定结果
(何继善等,1999)　　　　　　　　　m/s

矿区	原生结构煤	碎裂煤	碎粒煤	糜棱煤
平顶山	2 251	1 971	640	640
焦作	2 243	1 383	748	881
萍乡	—	—	325	77
安阳	2 407	1 785	1 102	—
鹤壁	2 356	1 894	953	755
淮南	2 136	1 199	882	—

据表 2-2 的测试数据可得到如下结论:

(1)瓦斯突出煤体的 E,μ 和 K 均小于非突出煤体,而 ν 和 λ 却明显大于非突出煤体。

(2)不同矿区不同煤层相同煤体结构类型的煤样超声波速度相差不大,皆随煤体破坏程度增加而降低;同一矿区同一煤层的不同煤体结构类型煤样在超声波波速上存在两个分界相当明显的范围,非突出煤体超声波速值是瓦斯突出煤体的 1.5 倍以上。

(3)瓦斯突出与非突出煤体弹性参数和超声波波速上存在巨大差异是预测煤与瓦斯突出的岩石物理学基础,通过描述不同煤体的弹性参数特征来评价煤体结构的破碎程度,寻找构造煤分布区,从而完成预测煤与瓦斯突出危险区域的任务。

2.3 常见描述岩石物理关系的公式

2.3.1 纵横波速度和密度转换公式

（1）密度公式

煤田岩性地震反演计算必需密度和纵横波速度测井资料，然而在实际操作中通常依据经验公式利用已知资料转化来实现。Gardner(1974)根据统计资料提出了描述密度和纵波速度之间的关系公式：

$$\rho = 0.31 v_p^{0.25} \tag{2-1}$$

Castgana(1993)在公式 $\rho = 0.31 v^b$ 的基础上，总结了不同类型岩石 a 和 b 的值，提出利用抛物线关系描述纵波速度和横波速度（或者密度）之间的关系：

$$\rho(v_s) = A v_p^2 + B v_p + C \tag{2-2}$$

一般进行转换纵横波速度关系采用式(2-3)：

$$v_p = 1.92 v_s + 87.05 \tag{2-3}$$

（2）Krief 公式

Krief 认为 v_p^2 与 v_s^2 存在显著的非线性关系，用来描述两者之间关系的公式即为 krief 公式：

$$v_p^2 = a v_s^2 + b \tag{2-4}$$

一般地，页岩和石灰岩 a 与 b 值分别取 2.033，4.894 和 2.872，2.755。

（3）Wyllie 时间平均方程

该方程描述了岩石的体积速度与岩石组成成分速度之间的关系：

$$\frac{1}{v_p} = \frac{\varphi}{v_f} + \frac{1-\varphi}{v_m} \tag{2-5}$$

式中，v_p 表示纵波速度；v_f 表示流体速度；v_m 表示基质速度；φ 为孔隙率。

（4）Faust 公式

许多地球物理学者认为视电阻率和纵波速度之间存在某种关系，Faust（1950）最早提出描述两者之间关系的公式：

$$v_p = a (Rd)^c \tag{2-6}$$

式中，R 表示视电阻率值；d 表示深度；a 和 c 表示常数。

2.3.2 Gassmann 方程

Gassmann（1951）方程用来预测岩石体积模量，揭示了岩石基质模量、孔隙率、流体和干岩石模量的关系。常用的 Gassmann 方程如式（2-7）所示：

$$K = K_b + \frac{\left(1 - \dfrac{K_b}{K_s}\right)^2}{\dfrac{\varphi}{K_f} + \dfrac{1-\varphi}{K_s} - \dfrac{K_b}{K_s^2}} \tag{2-7}$$

式中，K 代表饱和孔隙流体的岩石体积模量；K_b 表示干岩石的体积模量；K_s 表示岩石基质的体积模量；K_f 表示流体的体积模量；φ 代表岩石孔隙率。

2.4 本章小结

本章简单介绍了原生煤和构造煤显著的物理和化学性质差异以及由差异引起的煤系地层不同测井响应，分析了构造煤的岩石物理参数特征和总结了常见的岩石物理量转换公式，以此作为评价煤层中构造煤体发育的基础理论依据。

（1）原生煤经过强烈脆性和韧性变形，物理性质和化学性质发生了显著变化。一个井田内的同一煤层构造煤密度和电阻率要低于原生煤，声波在构造煤中传播速度一般会变小，构造煤强度系数比原生煤要低，力学强度参数一般小于原生煤。

（2）两者物性差异在测井响应上反映明显。构造煤发育区域，电阻率相对减小，在视电阻率曲线上表现为幅值降低，密度相对减小；在伽玛伽玛曲线上表现为幅值增高。

（3）不同煤体弹性参数存在显著差异。瓦斯突出煤体的 E, μ 和 K 值均小于非突出煤体，而 ν 和 λ 值却明显大于非突出煤体；非突出煤体的超声波速值是瓦斯突出煤体的 1.5 倍以上。

（4）煤田一般缺少横波测井资料，需已知测井资料转换实现。密度、纵波速度与横波速度之间转换经验公式应用最广泛，纵波速度与孔隙率、纵波速度与电阻率之间经验公式也应用较多。

3 概率神经网络反演方法

李庆忠院士提出"波阻抗反演是高分辨地震资料处理的最终表现形式"。反演在地震勘探领域处于特殊重要的地位,通常分为叠后和叠前两种方法。叠后反演方法近 30 年来得到长足的发展,已经成为一种地震勘探领域的成熟技术。本章主要讨论基于叠后反演的地震 PNN 反演技术。

常规叠后地震反演基于 Robinson 褶积模型,递归、稀疏脉冲和基于模型反演计算已经成熟应用到野外生产实践中,然而每种反演技术都有应用弊端。由于受到原始地震资料质量及储层和非储层之间波阻抗重叠的限制,单纯使用常规反演手段进行岩性预测非常困难,须采用新的反演方法提高解释结果的可信度。

地震属性包含丰富的地质信息,可以挖掘出隐藏其中的有关岩性和储层物性的众多有用信息。然而地震属性与地下地质目标并不是一一对应的,作为构造、岩性和地层变化等综合因素的反映,地震属性预测储层岩性本身存在着多解性。为了克服地震属性的不确定性,建立地震属性与岩性参数之间的线性或非线性关系,寻找到敏感的地震属性和最佳属性组合来预测储层岩性参数,以实现多属性变换反演。地震属性反演方法很大程度提高了反演精度,越来越受到人们的青睐。

地震属性反演方法相比常规地震反演方法具有以下优势:(1)实现了多种测井属性特征数据体的预测;(2)反演计算过程不依赖正演模型和已知子波;(3)大大提高了反演结果的分辨率。本章从基于模型地震反演方法出发,以多种地震属性和波阻抗数据体

（作为一种地震属性类别）为输入，以某种测井属性值作为输出，利用 PNN 充分发掘测井属性值和地震属性值之间的统计关系，进而实现预测目标测井属性参数的目标。图 3-1 阐释了多属性反演目标岩性参数的基本思路，训练 PNN 寻找测井属性和地震属性值之间的非线性关系，从而完成 PNN 反演。

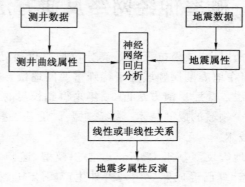

图 3-1   地震多属性反演思路示意图

3.1   地震属性反演

3.1.1   地震属性分类

地震属性技术作为岩性地震勘探的一项重要技术，20 世纪 70 年代引入地球物理领域。叠前或叠后地震数据通过数学变换，推导出有关地震波的几何形态、运动学特征、动力学特征和统计学特征的物理量，称为地震属性，作为描述和定量化地层岩性和物性等信息的地震特征量。

地球物理学家通过数学和物理变换对地震属性进行了不同的分类。刘企英（1994）把地震属性分为振幅、速度、频率、吸收衰减、波形和时间 6 大类；Alistair R. Brown(1996)将地震属性分为时间、振幅、频率及衰减 4 大类；Quincy Chen(1997)将地震属性分为几何学、运动学、动力学与统计学 4 大类。目前，随着地震勘探的发展出现了新类型的属性——非线性属性，它在反映岩性、流体等方面具有独特的指示意义，列为地震属性的一大类。据此地震属性亦可分为：振幅类属性、瞬时类属性、频谱类属性、层序类属性和非线性类属性 5 种属性类型，具体各项分类包含属性类别见表 3-1。

表 3-1 地震属性五种分类类别表

属性类别	包 含 属 性 种 类
振幅类属性	复合振幅、最大绝对值振幅、最大峰值振幅、最小谷值振幅、均方根振幅、总绝对值振幅、平均绝对值振幅、平均峰值振幅、平均谷值振幅、总能量、平均能量、总振幅、振幅的斜度、振幅的峰态
瞬时类属性	平均反射强度、平均瞬时频率、平均瞬时相位、反射强度的斜率
频谱类属性	有效带宽、波形长度、最大峰值频率、平均频率、谱峰斜率
层序类属性	波峰数、波谷数、峰谷面积比、复合包络差、正负样点之比
非线性类属性	关联维数、间歇性指数、突变幅度、高阶谐能量、小波系数的均方数、小波系数 C_1、小波系数 C_2、小波系数 C_3、最大李雅普诺夫指数

3.1.2 地震属性的提取与优选

提取地震属性一般采取傅氏变换、自相关函数、复数道分析和极值点分类等数学方法。伴随 20 世纪 90 年代统计学的发展，协方差、小波变换、模拟退火等地质统计手段在提取地震属性计算中得到了广泛应用。这里必须强调一点：地震属性提取要有合适时窗，时窗过大不可避免包含了不必要信息，时窗过小会出现截断现象丢失有效成分，而不同研究对象和研究目标的时窗选择要根据情况妥善选择。

优选参与反演计算的地震属性种类是进行地震属性反演和储层岩性预测的关键环节。不同研究地区与目的层的地层地质特征不同,参数响应特征也有差异,一般针对不同地质目标需选取不同地震反演预测参数进行岩性参数预测。现阶段地震属性反演已经发展到了多属性联合分析和反演的阶段,在成百上千种属性中选取反映岩性参数最敏感的属性组合,模式识别和人工神经网络等智能化技术起到重要作用,它们在进行属性分类、选择和组合优化等方面得到了广泛的应用。

3.1.3　地震属性反演

储层物性和充填其中流体的空间变化会引起地震波速度、振幅和频率等发生相应变化,在目标地区地震地质情况确定的前提下特征参数变化达到某一程度,地震数据才会有所反映。地震属性反演的核心思想是优选地震属性并发掘出与已知井储层参数的对应关系来进行反演,这种关系可以是线性的,也可以是非线性的。

利用地震属性预测储层岩性参数方法有单属性和多属性方法两种,多属性预测方法又分为多元线性回归和人工神经网络算法两类。单属性预测方法是指应用一种地震属性与目标测井属性值经过分析建立关系,将这一关系应用到整个区域来预测该测井属性特性的数据体。多属性预测是指提取和寻找多个地震属性的最优组合,挖掘与目标测井属性值的关系,将这一关系应用到全区得到与目标测井属性相同特征的数据体。

3.2　基于模型的反演方法

地震反演一般分为基于褶积模型和基于波动方程反演两大类。基于波动方程反演计算数据量大,并且受噪声影响大,得到的反演结果不稳定,一般采用基于褶积模型的反演方法,基于波动方程的反演还处于理论研究的阶段。

基于褶积模型反演方法种类很多,包含稀疏脉冲反演、有限带宽反演和基于模型反演等较常用反演方法。对比这几种反演方法,其中基于模型的反演是一种应用较成熟、计算速度较快、反演效果稳定的方法,笔者选用该反演方法完成叠后反演的任务。本章从基于模型的反演方法入手,其反演结果——声波阻抗体作为一种地震属性参加地震多属性反演。

在反演过程中,地震资料主要起到提供层位和断层信息两个方面的作用。一方面可指导测井资料内插和外推建立初始模型,另一方面约束地震有效频带的地质模型向正确方向收敛。一般来说,参与反演的地震资料分辨率越高,层位解释越精细,建立的原始初始模型越接近实际,有效控制频带范围越大,多解区域则相应减少。故提高地震资料分辨率是减少多解性问题的重要途径。

基于模型反演基本计算过程为:首先根据各点已知测井曲线对全区进行外推内插得到初始波阻抗模型,该模型为粗略的猜测;以初始模型为出发点,在约束条件控制下经过有限多次迭代,完成反演工作。基于模型反演主要适用于多井开发阶段,多解性是该方法固有的特性,主要取决于初始模型与实际地质情况的符合程度,在同样的地质情况下,钻井越多结果越可靠。基于模型的反演将地震与测井有机结合起来,突破了传统意义上地震分辨率的限制,理论上可得到与测井资料相同分辨率的反演结果。

3.2.1 基于模型反演的基本原理

假设初始波阻抗为 $I_0(i)$,地震道采样点为 i,令 $l(i) = \ln I_0(i)$,反射系数和波阻抗之间的递推关系式为:

$$I_0(i) = I_0(1) \prod_j \frac{1+r(j)}{1-r(j)} \qquad (3\text{-}1)$$

这里,任意地层阻抗取决于该层之上所有反射系数。这些反射系数中存在的小误差,在求解阻抗过程中都将组合产生较大的累积误差,通常被称为低频趋势误差。

由式(3-1)变形有:

$$l(i) = l(0) + \sum_{j=2}^{i} 2\left[r(j) + \frac{r^3(j)}{3} + \frac{r^5(j)}{5}\cdots\right] \quad (3\text{-}2)$$

反射系数一般比较小(<0.1),此时可省略 $r(j)$ 的高阶项,式(3-2)可变形为:

$$l(i) = l(0) + \sum_{j=2}^{i} 2r(j) \quad (3\text{-}3)$$

定义 $m+1$ 层地层模型,$m+1$ 阶向量 $\boldsymbol{l}$:

$$\boldsymbol{l} = \begin{bmatrix} l_0 \\ l_1 \\ \vdots \\ l_m \end{bmatrix} \quad (3\text{-}4)$$

同时定义一个 m 阶向量 $\boldsymbol{R}$:

$$\boldsymbol{R} = \begin{bmatrix} r_0 \\ r_1 \\ \vdots \\ r_m \end{bmatrix} \quad (3\text{-}5)$$

又由式(3-4)和式(3-5)变形得:

$$r(i) = \frac{1}{2}\left[l(i) - l(i-1)\right]$$

假设矩阵 $\boldsymbol{D}$,使 $\boldsymbol{R} = \boldsymbol{DL}$:

$$\boldsymbol{D} = \begin{bmatrix} -1 & 1 & \cdots & \cdots & 0 & \cdots \\ \vdots & -1 & 1 & \vdots & \vdots & \vdots \\ \vdots & \vdots & -1 & 1 & \vdots & \vdots \\ \vdots & \vdots & \vdots & -1 & 1 & \vdots \\ 0 & \cdots & \cdots & \cdots & -1 & 1 \end{bmatrix} \quad (3\text{-}6)$$

褶积模型公式:

$$T(i) = W(i) * \boldsymbol{R}(i) + \boldsymbol{n}(i)$$

可得目标函数 $\boldsymbol{I}$:

$$\boldsymbol{I} = (\boldsymbol{T} - \boldsymbol{WDT})^{\mathrm{T}}(\boldsymbol{T} - \boldsymbol{WDT}) \quad (3\text{-}7)$$

对式(3-7)求解得正则方程：

$$\boldsymbol{L} = (\boldsymbol{D}^{\mathrm{T}}\boldsymbol{W}^{\mathrm{T}}\boldsymbol{W}\boldsymbol{D})^{-1}\boldsymbol{D}^{\mathrm{T}}\boldsymbol{W}^{\mathrm{T}}\boldsymbol{T} \qquad (3-8)$$

计算一般选用共轭梯度法而不是直接利用式(3-8)求解，此时假设三个向量 $\boldsymbol{L}_i$，$\boldsymbol{L}_0$ 和 $\boldsymbol{L}_m$。

$$\boldsymbol{L}_i = \begin{bmatrix} l_1(0) \\ l_1(1) \\ \vdots \\ l_1(m) \end{bmatrix}, \boldsymbol{L}_0 = \begin{bmatrix} l_0(0) \\ l_0(1) \\ \vdots \\ l_0(m) \end{bmatrix}, \boldsymbol{L}_m = \begin{bmatrix} l_m(0) \\ l_m(1) \\ \vdots \\ l_m(m) \end{bmatrix}$$

这里 l_i 与 l_m 表示反演条件的下边界条件和上边界条件，l_0 为初始波阻抗，以作为初始值进行迭代计算，最终的迭代结果即为反演结果，在计算过程中要求一直满足如下约束条件：

$$L_i(i) < L(i) < L_i(m)$$

综上所述，基于模型反演以初始波阻抗模型为基础，根据地震记录与合成地震记录的相关性对初始阻抗模型进行修改，利用迭代算法优化初始波阻抗模型，当地震道与合成记录的相关系数达到要求，即为最终波阻抗反演结果。

3.2.2 反演计算

基于模型反演作为比较成熟的反演方法，会产生一系列方波化的伪速度曲线，方波的平均大小由给定参数设定，通常应大于输入数据的采样率。如图 3-2 所示为基于模型的反演流程。

对于一个由 N 层地层组成的地质模型，地层的密度、速度和厚度分别用 $\rho(i)$、$v(i)$ 和 $h(i)$ 表示，这里 $i = 1, 2, 3, \cdots, N$，一维地质模型的地震道可以表示为：

$$T(i) = \sum_{i=1}^{N} r(j)W(i - \tau(j) + 1) + n(i) \qquad (3-9)$$

式中，$T(i)$ 表示 i 点上测得的振幅；i 代表采样点数；$\tau(j)$ 为采样间隔。

地震数据的采样点数与地层层数 N 决定了组成方程式解的情况：当地震数据采样点数小于地层层数，此方程组无解；当地震数据采样点数大于地层层数,方程组方程的个数大于未知数的个数,利用最小平方法进行求解;当地震数据采样点数等于地层层数,方程组有唯一的精确解,但方程的解对噪声 $n(i)$ 十分敏感,很不稳定。

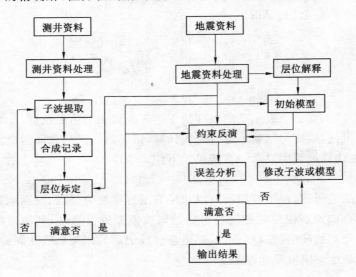

图 3-2　基于模型的反演过程流程图

已知初始反射系数 $r_0(j)$,根据已知的模型估计模型道 M,用式(3-10)表示:

$$M(i) = \sum_{j=1}^{N} r_0(j)W(i - \tau(j) + 1) \qquad (3\text{-}10)$$

由于反射系数 $r_0(j)$ 与真实值不同,原始道 T 和模型道 M 不同。原始道不包含噪声项 $n(i)$,定义原始道和模型道误差为:

$$E(i) = T(i) - M(i)$$

经过修正,反射系数可表示为:

$$r(j) = r_0(j) + \Delta r(j) \quad (i = 1, 2, \cdots, N)$$

寻找校正量 $\Delta r_0(j)$ 满足误差的平方和最小的条件。

$$J = \sum_{i=1}^{N_{\mathrm{SAMP}}} e^2(i) = \left\{ T(i) - \sum_{j=1}^{N} \left[r_0(j) + \Delta r(j) \right] W(i - \tau(j) + 1) \right\}^2$$

$$= \sum_{i=1}^{N_{\mathrm{SAMP}}} \left[e(i) - \sum_{i=1}^{N} \Delta r(j) W(i - \tau(j) + 1) \right]^2 \tag{3-11}$$

式(3-11)作为目标函数,它将 J 与未知数 $\Delta r_0(j)$ 联系起来,定义 J 是原始道 T 与模型道 M 之间的总误差,M 通过原始初始猜测反射系数 $r_0(j)$ 根据式(3-10)计算得出。

为方便理解采用向量表示的最小平方法进行解释,定义如下向量:

包含地震道采样点长度为 N_{SAMP} 的一组向量:

$$T = \begin{bmatrix} T(1) \\ T(2) \\ \vdots \\ T(N_{\mathrm{SAMP}}) \end{bmatrix}$$

包含未知反射系数长度为 N 的一组向量:

$$r = \begin{bmatrix} r(1) \\ r(2) \\ \vdots \\ r(N) \end{bmatrix} \tag{3-12}$$

包含地震子波的 N 列 N_{SAMP} 行的 $N \times N_{\mathrm{SAMP}}$ 维矩阵:

$$W = \begin{bmatrix} w(1) & 0 & \cdots & 0 \\ w(2) & w(1) & \cdots & 0 \\ \vdots & w(2) & & \vdots \\ w(m) & \vdots & & w(1) \\ 0 & w(m) & \cdots & w(2) \\ \vdots & \vdots & & \vdots \\ 0 & 0 & \cdots & w(m) \end{bmatrix} \tag{3-13}$$

已知第 N 层顶面每一点的模型道可以写作:

$$M = \begin{bmatrix} M(1) \\ M(2) \\ \vdots \\ M(N_{SAMP}) \end{bmatrix} = Wr$$

误差矢量 e 表示为：

$$e = \begin{bmatrix} e(1) \\ e(2) \\ \vdots \\ e(N_{SAMP}) \end{bmatrix} = T - M$$

向量形式目标函数写为：

$$J = e^{T}e = (T - Wr)^{T}(T - Wr)$$

式中，将 J 对 r 的每个元素求导并令导数为 0，此时矢量 r 为保证 J 足够小的最小平方解：

$$\partial J / \partial r(i) = 0 \quad (i = 1, 2, \cdots, N) \tag{3-14}$$

由式(3-14)导出正则方程组：

$$W^{T}Wr = W^{T}r \tag{3-15}$$

式(3-15)是由 N 个方程组成 N 个未知数的方程组，可用迭代法求解公式直接求解。目标函数解可写成：

$$r = (W^{T}W)^{-1}W^{T}r \tag{3-16}$$

最优解需要一个稳定的逆(实际中并不总是稳定的)。要保证解稳定必须加入预白噪声因子，式(3-16)可写成：

$$r = ((W^{T}W) + \lambda I)^{-1}W^{T}T \tag{3-17}$$

式中　λ——预白噪声因子；

　　　　I——单位矩阵。

已知地层数目为 N，双程旅行时层位置和地震子波 W，找到唯一的反射系数组合，使正演合成模型与地震道最匹配。

3.2.3　潜在的问题

一般来说，基于模型反演计算在低频带(<15 Hz)和有效频带

(15～150 Hz)内是稳定的,高频带地震信号没有约束力。李庆忠院士指出,有效频带之外的地震高频信息永远是多解的,高频信息不能通过褶积模型做出合理的检验(李庆忠,1998)。

高频成分波阻抗信息通过测井信息插值计算来实现。然而当岩层岩性横向变化复杂时,单纯依靠测井信息获得波阻抗信息是有风险的。尤其在地震资料品质差、信噪比低的情况下,地震资料对初始模型的修饰能力很弱,这些都会导致最终反演结果和初始模型相似度很高。换句话说,反演过程过分地依赖初始模型,导致不稳定情况的发生。

为了避免出现上述现象,反演之前一般先进行地震资料的低通滤波,滤去产生不稳定情况的高频成分,减少高频成分对反演结果的影响。反演过程中采取一系列措施加大地震资料对模型的修改能力。反演作为一个庞大复杂的工程,地震资料和测井资料的采集、处理与解释都会对其产生影响。

概率神经网络反演应用在基于模型反演之后,利用融合多种地震属性来进一步改善反演结果,实际上是通过多元信息融合来达到提高反演结果精度的目标。

3.3 概率神经网络反演方法

3.3.1 人工神经网络

人工神经网络作为一种有效描述非线性关系的方法,是大规模并行处理高度复杂的非线性动力学系统。它需要人为干预情况来完成训练过程,针对具体问题有依据地进行预测,已经成功应用到许多领域,20 世纪 80 年代被应用于地球科学领域。目前,在地震勘探领域神经网络主要解决分类和回归分析两大问题。

人工神经网络根据训练方式的不同分为有监督和无监督神经网络两类,本书主要采用属于有监督型的 PNN,它融合多种地震属性

（包括基于模型的叠后反演波阻抗）来预测岩层的物性参数数据体。

3.3.2 PNN 反演基本原理

PNN 技术由数学家 Specht（1990）提出，后经 Master（1994，1995）等不断发展和完善，成功地应用到了机器学习、人工智能和自动控制等众多领域，Hampson（2001）将这项技术应用到了地震勘探领域。PNN 具有回归、判别和聚类的功能，比多层前馈网络的数学原理简单且易于实现，PNN 结构类似于前馈神经网络结构，图 3-3 为 3 层结构的 PNN 基本结构设计图。

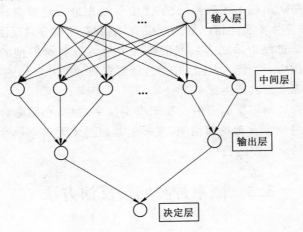

图 3-3　PNN 基本结构设计图

PNN 是费舍尔线性判别函数的非线性扩展与延伸，定义 x_k 表示所有概率函数 $\varphi(d_{kj})$ 的和，如式（3-18）所示一般简写成 φ_{kj}。PNN 训练各个点来计算单值不能算作一种有效判别技术，但如果把训练点分成许多类，它将是一种完美的分类方法，本身是贝叶斯定理的一种实现形式。

$$p(x_k) = \sum_{j=1}^{N} \exp\left[-\frac{|x_k - s_j|^2}{\sigma^2}\right] = \sum_{j=1}^{N} \varphi_{kj} \qquad (3\text{-}18)$$

首先以最简单情况为例,考虑分成两类。C_1 类别有 N_1 个训练点,C_2 有 N_2 个训练点,$N_1 + N_2 = N$,定义:

$$p(x_k) = \frac{\sum\limits_{j \in N_1} \varphi_{kj}}{p(x_k)} \tag{3-19}$$

$$p(x_k) = \frac{\sum\limits_{j \in N_2} \varphi_{kj}}{p(x_k)} \tag{3-20}$$

对式(3-19)和式(3-20)定义的 $p(x_k)$ 进行归一化,假定 $p_1(x_k) + p_2(x_k) = 1$,p_i 经过插值作为某一类的概率。若 $p_1(x_k) > p_2(x_k)$,x_k 属于 C_1 类;$p_1(x_k) < p_2(x_k)$,则称 x_2 为 C_2 类的成员。

每一个函数包含 2 个属性类型,3 个控制点。在这种前提下,计算全部 x_k 的 PNN 函数,6 个点的基函数组合在一起成为一个新的基函数。

$$
\begin{aligned}
p(x_k) &= \sum_{j=1}^{6} \exp\left[-\frac{|x_k - s_j|}{\sigma^2}\right] \\
&= \exp\left|\frac{(x_{1k} - s_{11})^2 + (x_{2k} - s_{21})^2}{\sigma^2}\right| + \cdots + \\
&\quad \exp\left|\frac{(x_{1k} - s_{16})^2 + (x_{2k} - s_{26})^2}{\sigma^2}\right|
\end{aligned} \tag{3-21}
$$

图 3-4 介绍了应用 PNN 解决 2 类分类的问题。

利用 PNN 技术反演岩层物性数据体,以地震属性组合作为输入,以具有测井属性特征的参数数据体作为输出,反演之前必须优选最佳地震属性组合。本节主要从线性回归、step-wise 方法和交叉验证等几方面内容来介绍实现 PNN 反演的整个过程。

3.3.3 地震属性多元线性回归分析

交会图是一种最直观描述两种物理量线性关系的常用测井数据解释方法。

利用单一地震属性方法来预测孔隙率属性,如图 3-5 所示。测

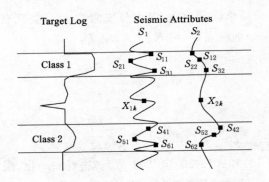

图 3-4 应用 PNN 分类示意图
（每种类别 3 个样点 2 种属性）（引自 Hampson,2001）

井属性值与实际测井值进行交会,图中直线为最佳拟合直线,相关系数为 0.799,误差值是 0.017 6。假定测井曲线属性 $L(t)$ 和单一地震属性 $A(t)$ 之间的线性关系式表示为:

$$L(t) = a + bA(t) \tag{3-22}$$

一般采用最小二乘法计算参数 a 和 b,此时使式（3-23）E 值达到最小。

$$E = \frac{1}{N}\sum_{i=1}^{N}\left[L_i(t) - a - bA_i(t)\right]^2 \tag{3-23}$$

这是最简易应用单一地震属性的预测过程。以下分析多种地震属性线性回归问题,不妨以 $A_1(t)$,$A_2(t)$ 和 $A_3(t)$ 三种属性为例,利用三种属性计算测井属性的线性方程如式（3-24）所示。

$$L(t) = \omega_0 + \omega_1 A_1(t) + \omega_2 A_2(t) + \omega_3 A_3(t) \tag{3-24}$$

$$E^2 = \frac{1}{2}\sum_{i=1}^{N}\left[L_i - \omega_0 - \omega_1 A_{1i}(t) - \omega_2 A_{2i}(t) - \omega_3 A_{3i}(t)\right]$$

$$\tag{3-25}$$

式中,系数 ω_0,ω_1,ω_2 和 ω_3 可通过最小二乘法求出,计算方程组如下:

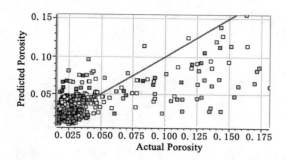

图 3-5   单一属性预测与实际孔隙率测井值的交会图

$$\begin{bmatrix} \omega_0 \\ \omega_1 \\ \omega_2 \\ \omega_3 \end{bmatrix} = \begin{bmatrix} N & \sum A_{1i} & \sum A_{2i} & \sum A_{3i} \\ \sum A_{1i} & \sum A_{1i}^2 & \sum A_{1i}A_{2i} & \sum A_{1i}A_{3i} \\ \sum A_{2i} & \sum A_{1i}A_{2i} & \sum A_{2i}^2 & \sum A_{2i}A_{3i} \\ \sum A_{3i} & \sum A_{1i}A_{3i} & \sum A_{2i}A_{3i} & \sum A_{3i}^2 \end{bmatrix} \begin{bmatrix} \sum L_i \\ \sum A_{1i}L_i \\ \sum A_{2i}L_i \\ \sum A_{3i}L_i \end{bmatrix}$$

$$\tag{3-26}$$

讨论利用地震属性预测测井属性,是严格点对点映射。而实际上测井曲线包含的高频成分远比地震资料丰富,采用点对点计算显然对于高频成分是不成立的。此时利用褶积因子来补充高频采样点的不足,认定目标测井曲线上的采样值由地震属性曲线上一组相邻点属性值共同作用。如图 3-6 所示,选择褶积因子长度为 5 来预测测井属性值。

将式(3-24)线性方程扩展用褶积因子表示:

$$L(t) = \omega_0 + \omega_1 * A_1(t) + \omega_2 * A_2(t) + \omega_3 * A_3(t) \tag{3-27}$$

式中,* 代表褶积计算;ω_i 代表特定长度的褶积算子。

特别说明未知数的个数等于属性个数与算子长度的乘积再加 1。同样利用最小二乘法进行求解,如式(3-28)所示。

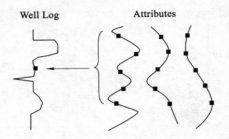

图 3-6　褶积因子长度为 5 来预测测井属性值示意图

(引自 Hampson，2001)

$$E^2 = \frac{1}{N}\sum_{i=1}^{N}\left[L_i - \omega_0 - \omega_1 * A_{1i}(t) - \omega_2 * A_{2i}(t) - \omega_3 * A_{3i}(t)\right]$$

$$(3\text{-}28)$$

3.3.4　计算最佳地震属性组合

　　众所周知，地震属性种类繁多，属性组合亦不能穷举，属性组合选择成为需要解决的关键问题。上节讨论了利用最小二乘法计算褶积算子，下一步要解决哪些地震属性参与反演计算的问题。

　　首先讨论穷举法。假定寻找的最佳属性组合是从 N 种属性中寻找包含 M 种属性的组合，每种属性的褶积算子长度记为 L，在这个过程中要计算所有可能的 M 种属性组合。褶积算子权重通过式(3-26)得出，最终求得最小误差的组合即为选择的最佳属性组合。

　　利用穷举法必可优选出满足要求的属性组合，但计算数据量很大，耗费较长时间。以 25 种属性中寻找包含 5 种属性、褶积算子长度为 9 的属性组合为例，计算可能的属性组合个数是：$25\times24\times23\times22\times21=6\,375\,600$，每一种可能的组合就有 $5\times9+1=46$ 个未知数要去求解，计算量之大显而易见。在优选属性组合的计算过程中，一般不选用穷举法。

　　Step-wise 是一种计算速度较快的方法，与穷举法优选的属性组合并不一定相同。它在数学原理上保证了筛选出的属性之间线性无关而并非得到真正意义上的最佳组合,通过反证法很容易证明预测误差随着属性种类的增加是逐渐减小的。如图 3-7 所示,目标属性值预测平均误差随着属性种类数目的增加逐渐减小。

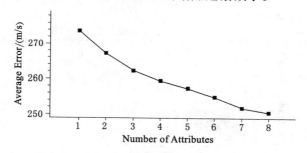

图 3-7 预测平均误差随着属性种类数目变化图

(引自 Hampson,2001)

方法的基本计算思路:已经确定 T 种属性为最佳属性组合,在这个基础上 $T+1$ 种属性可以通过步进法获得,满足得到最小误差的前提条件。具体步骤如下:

(1) 根据预测误差最小原理从 m 种地震属性中利用穷举法确定第 1 种地震属性,记为 A_1;

(2) 在最小预测误差原理下,在 A_1 的基础上从剩余的 $m-1$ 种地震属性中找出第二种地震属性 A_2,形成包含两种地震属性的组合 (A_1,A_2);

(3) 在 (A_1,A_2) 的基础上,同样原理确定第三种地震属性 A_3,形成包含三种地震属性的组合 (A_1,A_2,A_3)。

以此类推挑选出目标数量的地震属性组合。与穷举法相对比,同样以 25 种属性中寻找包含 5 种属性的褶积算子长度是 9 的属性组合为例计算步进法的工作量:$25+24+23+22+21=115$ 属性组合个数,每种组合未知数个数也大相径庭,对于计算的第一种属性未知数个数为 $9×1+1=10$ 个,以此类推第五种属性的个数是 $9×5+$

1＝46,计算未知数的数量也大大降低,简化了计算过程,很大程度上减小了工作量。多属性线性反演计算得到的预测孔隙率和实际测井值交会图如图 3-8 所示,相关系数为 0.868,误差值减小到0.014 6,显而易见,多属性线性预测比利用单一属性预测误差大小和相关系数都有了明显的改善。

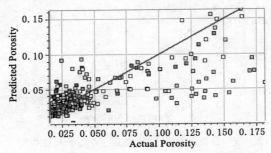

图 3-8　多属性线性反演预测和实际孔隙率测井值交会图

3.3.5　概率神经网络反演简介

PNN 技术在本质上是一种数据的插值技术,借助神经网络的结构来完成插值,比一般的多层神经网络易于控制,属于样本训练的有监督型神经网络。

井旁的地震道属性和已知的测井曲线作为训练数据,以三种属性来说明训练过程,在目的层时窗内选取数据参与运算,数据训练格式为:

$$(A_{11}, A_{21}, A_{31}, L_1)$$
$$(A_{12}, A_{22}, A_{32}, L_2)$$
$$(A_{13}, A_{23}, A_{33}, L_3)$$
$$\vdots$$
$$(A_{1N}, A_{2N}, A_{3N}, L_N)$$

PNN 网络训练完成后,将某一采样点 $x＝(A_{1i}, A_{2i}, A_{3i})$,其中

已知的三个属性输入到训练完毕的神经网络，得到采样点预测目标测井曲线 $\widetilde{L}$。

$$\widetilde{L}(x) = \sum_{i=1}^{n} L_i \mathrm{e}^{(-D(x,x_i))} / \sum_{i=1}^{n} \mathrm{e}^{(-D(x,x_i))} \qquad (3\text{-}29)$$

其中，$D(x,x_i)$ 用来衡量输入采样点 x 与每个参与训练的 x_i 之间的距离，这里：

$$D(x,x_i) = \sum_{j=1}^{3} \left(\frac{x_j - x_{ij}}{\sigma_j} \right) \qquad (3\text{-}30)$$

式中，σ_j 是 PNN 训练阶段计算确定对这三种属性的最佳平滑因子。

式(3-29)，式(3-30)为 PNN 基本原理公式，网络训练实质是求取平滑因子的过程。经过 PNN 训练后，应用此训练结果预测孔隙率测井属性，如图 3-9 所示，相比单一属性和多属性线性预测，PNN 非线性预测的孔隙率值和实际测井值吻合最好，相关系数达到 0.976，误差大小 0.008 2。这里需强调一点，PNN 求解最佳平滑因子，要将每个采样点数据与所有训练点进行对比，必然会耗费机时。

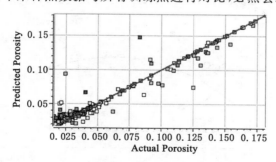

图 3-9　PNN 反演预测和实际的孔隙率测井值交会图

3.3.6　过度匹配和交叉验证

优选最佳属性组合的确定是基于预测误差不断减小的前提来实现的。随着地震属性种类的增加，预测的误差在不断减小，图 3-7 阐释了这一结论。然而预测误差减小并不代表神经网络的预测能力在加强，和其他神经网络都不可避免存在过度匹配问题。进行数据训练相当于寻找一条高次曲线来拟合训练数据，过多属性个数明显提高了曲线的拟合程度，却削弱了神经网络的预测能力。这种过分追求训练数据的匹配程度降低了网络预测能力，称为过度匹配现象。

进行 PNN 训练在最佳属性组合中选择合适的属性个数，避免出现过度匹配现象，是进行反演的关键环节之一。利用统计手段来检验是否匹配过度，只适用于线性回归问题，对如此复杂的非线性计算这种手段无能为力。1999 年，Hampson 提出利用交叉验证的方法来衡量过度匹配问题。将数据分为训练数据和检验数据，通过训练数据训练神经网络，再利用检验数据计算 PNN 网络的交叉验证误差，确定是否出现了过度匹配现象。如图 3-10 所示，图中"●"代表训练数据，"○"代表检验数据，虚线代表拟合的高次曲线，实线代表未出现过度匹配的预测曲线。高次曲线对训练数据过分拟合出现了过度匹配现象，检验数据有很大验证误差，削弱了神经网络的预测能力。

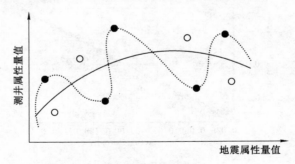

图 3-10　神经网络过度匹配示意图

根据上述讨论，step-wise 方法优选参与计算的地震属性组合，首先指定特定的地震属性的数目，利用交叉验证的方法来计算交叉验证误差，确定最佳属性组合在第几种属性出现了过度匹配，最终确定最合适的地震属性数目。实际交叉验证过程中，所选择井测井数

据值和井附近地震属性数据组成训练数据,基本计算过程如下:

(1)所有训练数据从中去掉一口井资料,被去掉井为隐藏井,利用剩余井作为样本进行训练,利用训练后神经网络预测隐藏井的属性值,如法炮制所有其他样本井作为隐藏井各计算一次。

(2)预测计算属性值和实际属性值进行比较,计算各口井交叉检验误差 e_{vi},并计算该神经网络的整体交叉验证误差。

$$E_V^2 = \frac{\sum_{i=1}^{N} e_{vi}}{N} \tag{3-31}$$

式中,N 代表参与验证的钻井数。图 3-11 说明了训练误差和验证误差随地震属性数目的变化情况。

图 3-11 中下方曲线代表 PNN 训练的预测误差,上方曲线代表整体交叉验证误差,地震属性组合通过 step-wise 法确定。在交叉验证中由于剔除了隐含井位处的训练数据点,整体交叉检验误差总体上比预测误差要高。由图可知,地震属性个数增加到 5 个之前,整体交叉验证误差逐步减小,这说明神经网络的预测能力在逐步增强;当属性种类数目大于 5 之后,整体交叉验证误差开始增大,说明神经网络开始出现过度匹配的问题。由此可确定 5 种属性为过度匹配的临界点,最终确定前 5 种地震属性参与训练神经网络,此时神经网络预测能力最强。

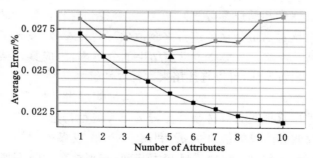

图 3-11　PNN 训练误差和交叉验证误差随属性种类数目变化示意图

3.4 本章小结

利用 PNN 完成地震多属性反演方法相比常规叠后反演方法提高了反演结果的分辨率，它作为一种基于多地震属性和测井资料联合分析的岩性反演方法，本章主要完成了以下几个方面的工作：

（1）讨论了地震属性的分类和提取过程中应注意的问题，主要分析了地震多属性预测的非线性算法——PNN 算法的整个实现过程。

（2）基于模型的反演过分依赖初始模型且反演结果存在多解性，单一波阻抗信息很难满足复杂地质条件下岩性解释的要求。其中，反演生成波阻抗信息作为一种地震属性参与反演运算。

（3）对比分析地震属性反演的三种方法——单一属性反演、多属性反演和 PNN 反演方法，通过预测孔隙率属性来检验各种反演方法的可靠性，其中 PNN 反演预测结果精度最高、误差最小。

（4）进行 PNN 反演首先要通过 step-wise 方法优选出最佳属性组合，利用交叉验证确定参与神经网络训练的地震属性种类和数目；以最佳地震属性组合作为输入，测井曲线属性值作为输出训练神经网络，应用到整个数据体，来完成 PNN 反演过程。

（5）地震属性反演方法规避了常规反演方法的固有限制，通过建立地震属性和储层参数之间的关系，寻找到对目标属性敏感的地震属性和优选出最佳属性组合来预测储层岩性参数，实现了多属性参数反演。反演方法提高了反演结果的分辨率，生成具有某一岩性属性参数的数据体，可以直接用来进行岩性解释。

（6）常规叠后地震反演方法无法满足储层岩性探测的精度，从地震数据中提取包含煤体物性差异的地震属性信息，建立优选属性和构造煤测井曲线的统计关系，利用 PNN 完成煤层中构造煤体的预测。这是一种以常规地震反演为基础，实现综合地震多属性信息来预测构造煤体的方法。

4 叠前地震反演方法

传统声波阻抗反演基于地震波垂直入射的前提假设,忽略了振幅随炮检距变化所蕴藏的岩性信息,由于声波阻抗包含信息有限,其作为岩性指示手段存在着多解问题。1999 年,Connolly 提出了弹性波阻抗的概念,作为纵波和横波速度、密度以及入射角的函数,在岩性解释和流体识别方面有独特优势。基于叠前地震资料的弹性波阻抗反演突破了地震波垂直入射的前提,将 AVO 问题和常规波阻抗反演相结合,将地震反演技术向前推进了一大步。

地震资料保真处理是叠前地震反演关键环节之一,本章从叠前资料的保真处理出发对实现整个叠前地震反演原理进行研究和讨论。

4.1 叠前地震资料保真处理

叠前岩性地震反演技术基于振幅随炮检距的变化关系,为了保护真实振幅的相对关系,消除非物理因素引起的振幅关系变化,资料处理过程中禁止采用任何引起发生畸变的处理手段。根据研究区实际野外地震资料特点,在处理过程中欲采用地表一致性处理(振幅补偿、静校正和反褶积)、叠前去噪和叠前偏移等手段来恢复真正相对振幅关系。

在资料采集和处理中,地震振幅会受到多重因素影响,保持狭义的绝对振幅不发生变化不现实,但保证相对关系不发生非物理意义改变,就完全可以用来进行岩性预测和储层解释。保护地震振幅相对关系不变,是进行地震资料保真处理的核心和关键,应该贯穿于整个地震资料处理过程。

4.1.1 影响地震波振幅变化的因素

影响地震波振幅发生变化的因素存在于地震数据采集和处理的整个过程。在数据采集阶段,地震震源、检波器以及地下地质条件等客观条件的差异会对地震振幅造成影响,图 4-1 为 1975 年 Sheriff 总结的影响地震采集的 21 种因素;在数据处理阶段,去噪补偿处理也会引起地震波振幅的变化,表 4-1 总结了处理手段可能引起地震振幅不同程度的畸变。为了完成地震保幅处理,处理过程需格外谨慎,一般不采用 AGC、振幅均衡等不具有物理意义的补偿手段。

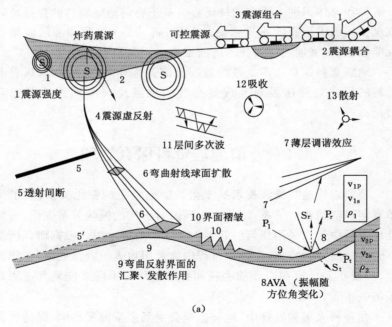

(a)

图 4-1　影响地震波振幅的采集因素(引自 R. E. Sheriff,1975)

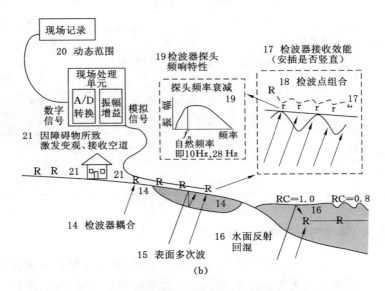

(b)

续图 4-1　影响地震波振幅的采集因素引自（R. E. Sheriff, 1975）

表 4-1　　　地震资料处理与解释中影响振幅的 11 个因素

序号	因素名称	影 响 方 式	影响程度
1	切除	切除道数或炮检距	微弱
2	振幅	AGC，振幅均衡等仅适于构造解释	严重
3	叠前反褶积	最小相位、子波时不变、反射系数白噪化等假设条件不能完全满足	严重
4	噪声衰减	滤波（时变和地层倾斜）、多次波衰减	微弱—中等
5	速度分析	叠前 NMO 速度分析对于振幅、相位与频率是主控因素	微弱
6	动校正	动校正拉伸引起振幅畸变	微弱
7	静校正/基准面选择	静校正整体时移不会影响振幅，但校正量大小对于叠加效果有影响	微弱
8	叠加	CDP 或面元叠加方式对振幅影响大	严重

序号	因素名称	影 响 方 式	影响程度
9	叠后反褶积	最小相位、子波时不变、反射系数白噪化等假设条件不能完全满足	中等
10	噪声衰减	1D 滤波去除噪声也会影响振幅	中等
		2D 滤波去除倾斜干扰但会引起畸变	中等
		F-X 反褶积滤除异常振幅	微弱—中等
11	偏移	2D 偏移将倾斜界面反射沿测线归位	微弱—严重
		3D 偏移实现倾斜界面三维归位	微弱—严重

4.1.2 叠前高保真去噪处理方法

地震资料去噪是资料处理的基础环节,且叠前去噪技术相比叠后去噪处理难度更大。目前基于叠后数学模型的去噪手段,不同程度损害了有效反射波能量,不能保证相对振幅关系不被破坏。

野外采集地震数据受到外界施工环境条件、激发和接收条件的影响,导致地震记录上存在形形色色的干扰波。通常分为规则干扰和随机干扰两类:规则干扰主要包括面波、声波、多次反射波、浅层折射波和单频干扰等;随机干扰噪声主要指微震和背景干扰。有的学者将次生干扰波单独列为一类研究,它不属于随机干扰噪声,比规则干扰波复杂得多。

由于噪声产生的机理多样、种类繁多,压制噪声则成为一个复杂的过程。通常根据波的频率、视速度、空间分布区域和动校正后剩余时差的差异等角度完成有效波和干扰波分离。表 4-2 列举了几种常见地震干扰波的特征。充分认识干扰波形成的机理和传播特点,寻找出干扰波和有效波的差异,利用数学方法使差异最大化,在去除干扰波同时尽量保留有效波是噪声去除的最基本原则。常用去噪方法基于加法和乘法运算,不可避免损伤有效波,不能去除干扰波能量,只是把能量分配到相邻的地震道上,不可避免破坏了振幅的相对关

系,很多专家认为基于减法计算方法和叠前保真去噪技术是未来去
噪发展方向。

表 4-2　　　　　　　地震干扰波特征

波名称	视速度/(m/s)	频率/Hz	能量	时距曲线	其他
面波	100~1 000	<30	较强	直线	频散
声波	约 340	较高	较强	直线	—
线性斜干扰	—	—	—	—	倾斜同相轴
浅层折射波	—	—	—	直线	—
交流电干扰	—	50	—	—	贯穿记录始终
侧面波	不同的视速度	—	—	—	来自不同方向
多次波	—	—	—	双曲线	存在剩余时差
随机噪声	无视速度	频谱很宽	—	—	遵循统计规律
次生干扰	和有效波部分重合	和有效波重合	—	—	无处不在

4.1.2.1　相干噪声的压制

压制相干噪声是叠前去噪重点处理对象。相干噪声分布具有规律性和较低视速度,但频率和有效波差异大,应用带通滤波势必会损害有效波。在实际中一般选择利用相干噪声视速度和频率差异,在 $F—X$、$F—K$ 和 $\tau—p$ 域进行去除。

(1) $F—X$ 域相干噪声压制

利用最小平方法在频率域(F)和空间域(X)估算指定视速度和频率范围的相干噪声,并在原始地震记录中减去该部分。压制方法应用关键是确定合适的噪声速度和频率参数范围,一般在野外地震记录通过频谱分析估算视速度和频率。

(2) $F—K$ 域滤波

$F—K$ 域滤波又称为视速度滤波,作为一种在二维域里广泛应用的压制相干噪声手段,其实现过程为:对地震记录进行 $F—K$ 域变换,分析相干噪声在频率波数域的分布规律,设计二维滤波器在该域

中切除相干噪声对应的那部分,同时会不可避免地产生空间假频。此方法优缺参半,在去除干扰波同时增添了新的干扰。

4.1.2.2 单频干扰波压制

单频干扰波通常指 50 Hz 工业干扰,对地震资料信噪比和保真度影响较大。无论地震信号是否有 50 Hz 干扰,常规陷波处理都会对该频率范围信号压制,包括 50 Hz 有效波能量。为了解决该问题,可选用单频噪声压制方法处理单频干扰。首先在地震记录中检测单频信号的存在,一旦存在就从地震记录中减去,不存在则不做任何处理。

4.1.2.3 多次波的压制

多次波去除主要基于多次波和一次反射波在视速度、频率成分和 CMP 剖面倾角方面的差异。生产中一般利用传播时间的周期性和一次波传播速度差异压制多次波。

预测反褶积利用传播时间周期性的特征去除干扰多次波,方法应用关键是确定合适的预测步长和算子长度。Radon 变换去除多次波过程较复杂,首先变化到 $\tau—p$ 域,利用双曲线速度去除多次波再变换到 $X—T$ 域,应用关键要选择一次波和多次波的速度和合适的射线参数 p。

4.1.2.4 叠前随机噪声压制

地震数据采集过程不可避免混有随机噪声,由于无一定的视速度且频带很宽,常规去噪方法无法有效去除。由于随机噪声服从统计规律的特征,利用统计规律和基于多道的数学模型可作为首选去除手段。

有效波具有可预测性而随机噪声无此特性,在 $F—X$ 域内进行多炮统计,利用最小平方原理求出预测算子,在叠前地震数据应用该算子。一般噪声衰减应用在动校正后的共偏移距道集,通常 X 轴代表具有相同偏移距地震道,Y 轴由同一条测线不同的偏移距道构成,时间 t 显示在 Z 轴上,在构成的三维数据体中预测噪声,以达到衰减随机噪声的目的(赵馨,2008)。

4.1.3   地表一致性处理

地表条件和近地表记录对整个地震记录的影响是时不变的,地表是一致的,地震记录与波的传播路径无关,这是一致性处理手段成立的前提条件。地表一致性处理一般包括地表一致性振幅补偿、地表一致性反褶积以及地表一致性剩余静校正三方面内容。

4.1.3.1   地表一致性反褶积

地表一致性反褶积目标是消除地表不一致性(震源耦合、炸药量大小和激发岩性等因素)对地震子波的影响,实际上完成对子波振幅谱校正,适合于地表条件变化大的地区。

对于地震道:

$$x(t) = \omega(t) * \delta(t) + n(t) \tag{4-1}$$

其中,$x(t)$为地震记录;$\omega(t)$代表地震综合子波;$\delta(t)$为反射系数序列;$n(t)$代表干扰波。

考虑到受炮点、接受点、共中心点及共炮检距四种因素影响,对于炮点i,接收点j的地震记录,地震子波可以表示为式(4-2):

$$\omega_{ij}(t) = s_i(t) * g_j(t) * m_{(i+j)/2}(t) * p_{(j-i)/2}(t) \tag{4-2}$$

式中,$s_i(t)$为第i个炮点位置近地表滤波响应;$g_j(t)$为第j个接收点位置近地表滤波响应;$m_{(i+j)/2}(t)$为共中心点位置近地表滤波响应;$p_{(j-i)/2}(t)$为共炮检距位置近地表滤波响应。

式(4-2)在频率域可写成:

$$W(\omega) = S(\omega)G(\omega)M(\omega)P(\omega) \tag{4-3}$$

振幅谱和相位谱分别表示为:

$$A_{ij}(\omega) = A_s(\omega)A_g(\omega)A_m(\omega)A_p(\omega) \tag{4-4}$$

$$\varphi_{ij}(\omega) = \varphi_s(\omega)\varphi_g(\omega)\varphi_m(\omega)\varphi_p(\omega) \tag{4-5}$$

为了计算方便,式(4-4)两边取对数:

$$\ln A_{ij}(\omega) = \ln A_s(\omega) + \ln A_g(\omega) + \ln A_m(\omega) + \ln A_p(\omega) \tag{4-6}$$

式(4-6)记为$\bar{A}_{ij}$,实际的地震记录振幅谱取对数记为A_{ij},令误差函数为：

$$E = \sum_{ij} (A_{ij} - \bar{A}_{ij})^2 \tag{4-7}$$

令 E 为最小，利用 Gauss-Seidel 法求出四个对数振幅谱的分量，再用反对数变换计算振幅谱；再假定子波为最小相位子波，求出四个反子波，即完成地表一致性反褶积。

4.1.3.2 地表一致性振幅补偿

地表一致性振幅补偿以消除激发和接收条件以及地层各向异性引起的各炮各道之间能量差异为目标。在给定时窗内拾取计算统计数值作为振幅计量标准（一般是均方根振幅和平均绝对振幅值），通过 Gauss-Seidel 方法把振幅计量标准分解为炮点项、检波点项、CMP 项和偏移距项，利用所有地表一致性振幅补偿的炮点项、CMP 项和偏移距项的几何平均和每一道的比率作为比例因子，应用到各地震道。基本计算过程如下：

假设 i 点激发，j 点接收的地震道在时窗范围为 L 振幅因子 A_{ij} 可分解为：

$$A_{ij} = S_i * R_j * G_k * M_n * C_m \tag{4-8}$$

式中，S_i 是与炮点 i 有关的振幅分量；R_j 是与接收点 j 有关的振幅分量；G_k 是与共中心点位置 k 有关的振幅分量；M_n 是与炮检距有关的振幅分量；C_m 是与第 m 个通道有关的振幅分量。同时，在做波前发散补偿时，均方根速度上的误差会引起振幅上的异常，因为均方根速度与初至时间和炮检距有关，因此可以把这项误差归在 M_n 之内。

式（4-8）两边取对数有：

$$\ln A_{ij} = \ln S_i + \ln R_j + \ln G_k + \ln M_n + \ln C_m \tag{4-9}$$

$\bar{A}_{ij}$ 为振幅因子的观测值，通过取倒数计算记录道的道平衡因子。根据最小平方法原则得：

$$E = \sum (A_{ij} - \bar{A}_{ij})^2 \tag{4-10}$$

对 S、R、G、M 和 C 求偏导，使误差达到最小。

$$\frac{\partial E}{\partial S} = \frac{\partial E}{\partial R} = \frac{\partial E}{\partial G} = \frac{\partial E}{\partial M} = \frac{\partial E}{\partial C} \qquad (4\text{-}11)$$

求解 5 个振幅因子分量,计算出振幅因子 A_{ij}。

4.1.3.3 地表一致性剩余静校正

地表一致性剩余静校正与其他地表一致性处理过程实现步骤基本相同。地表一致性反褶积与地表一致性振幅校正分别计算子波分量和振幅因子分量,而地表一致性剩余静校正计算剩余时差分量。剩余静校正时移只与震源和接收点的地表位置有关系,和波传播的射线路经无关,风化层速度通常较低,射线经过该层近似垂直入射,满足地表一致性的假设。

如图 4-2 所示,第 j 个震源,第 i 个检波器位置的旅行时间 t_{ijk},表示第 h 层第 k 个中心点。经过野外一次静校正和动校正以后的地震剩余时差表示为:

$$t_{ijk} = S_j + R_i + G_{kh} + M_{kh}x_{ij}^2 \qquad (4\text{-}12)$$

其中,t_{ijk} 代表炮点为 j 接收点为 i 的地震道剩余时差;S_j 和 R_i 分别表示炮点和检波点的剩余时差分量;G_{kh} 为第 k 个 CDP 相对于第一个道集,因地形起伏引起的双程旅行时差分量;$M_{kh}x_{ij}^2$ 是第 k 个道集中炮点为 j 接收点为 i 的记录道剩余动校正量;M_{kh} 是剩余动校正量因子;x_{ij} 是炮检距。

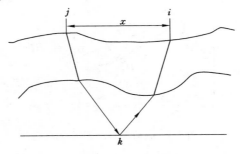

图 4-2 地表一致性静校正模型

根据最小二乘原则,利用 Gauss-Seidel 迭代法求解 4 个剩余时差分量,并分离出炮点和接收点剩余时差分量对相应地震道做剩余静校正。

4.1.4 叠前偏移

地震偏移技术是地震数据处理技术的三大基本技术之一。常规水平叠加实现了共中心点叠加而非共反射点叠加,倾斜界面没有归位绕射波没有收敛,并且共中心点的铅垂深度解释为界面法向深度。叠后偏移可以使绕射波很好地收敛,却无法解决法向深度问题;而基于共偏移距道集的叠前偏移,可以很好地解决使复杂地质体成像模糊、倾斜界面叠加不可靠等问题。

4.1.4.1 叠后偏移

叠后偏移是生产中成熟应用的常规地震数据处理技术,建立在地表水平、水平层状介质、各向同性和均匀介质假设的基础上,以常规的水平叠加剖面为原始资料。图 4-3 为叠后偏移原理示意图,图中 $C'D'$ 表示反射界面,CD 代表水平叠加剖面,A、B 代表地面的接收点。比较 $C'D'$ 与 CD,偏移以后真实反射界面在其倾向方向变短变陡。

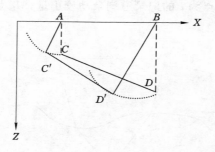

图 4-3 叠后偏移原理示意图

4.1.4.2 叠前偏移

叠前偏移一般分为叠前时间偏移和叠前深度偏移两类。叠前深度偏移对复杂地质体可以精确成像,但依赖于速度模型,要求有精确的深层速度模型,运算周期长,成本很高。叠前时间偏移主要有叠前克希霍夫积分偏移和波动方程偏移两种,其中叠前克希霍夫偏移一直是生产关注的焦点。

叠后偏移适用于近似看作水平倾角的地下界面,CRP 道集可以近似看作 CMP 道集;而当地下界面倾角较大,CRP 道集已经不能视为 CMP 道集,如图 4-4 所示为倾斜界面 CMP 道集反射点的弥散和CRP 道集。叠前偏移基于 CRP 道集,CRP 道集实现了真正来自地下同一点道集的信息。叠前时间偏移的实现一般有克希霍夫积分偏移和波动方程偏移两种。下面主要介绍克希霍夫积分偏移的基本实现过程。

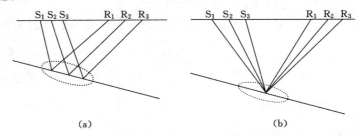

(a)   (b)

图 4-4　倾斜界面 CMP 道集反射点的弥散和 CRP 道集

偏移处理本身是地震传播的逆过程,根据已知的地震波记录信息来确定二次震源点反射界面的位置,把地面上的接收点退回到二次源反射点位置,把分散到各个地震道能量再次聚焦于反射点上,达到对反射界面成像目的。

（1）频率—时间域的克希霍夫积分式

$$U(x,y,z,\omega) = -\frac{1}{4\pi}\iint u(\varepsilon,\eta,0,\omega)2\frac{\partial}{\partial n}\left(\frac{e^{ikr}}{r}\right)d\varepsilon d\eta \quad (4\text{-}13)$$

式中,$r = [(x-\varepsilon)^2 + (y-\eta)^2 + (z-\zeta)^2]$。

由于 $\frac{\partial}{\partial n} = -\frac{\partial}{\partial z}$,式(4-13)可变形为:

$$U(x,y,z,w) = \frac{1}{2\pi}\iint u(\varepsilon,\eta,0,\omega)\frac{\partial}{\partial z}(\frac{e^{ikr}}{r})\mathrm{d}\varepsilon\mathrm{d}\eta \qquad (4\text{-}14)$$

由于 $\frac{\partial}{\partial z}\left(\frac{e^{ikr}}{r}\right) = \frac{ikr-1}{r^2}\frac{z}{r}e^{ikr} = \left(\frac{ik}{r}-\frac{1}{r^2}\right)\frac{z}{r}e^{ikr}$，式（4-14）可近似为：

$$U(x,y,z,w) = \frac{1}{2\pi}ik\iint u(\varepsilon,\eta,0,\omega)\frac{z}{r}(\frac{e^{ikr}}{r})\mathrm{d}\varepsilon\mathrm{d}\eta \qquad (4\text{-}15)$$

式（4-15）既可以做地震波场的正演，也可计算完成地震波场的成像，由于公式推导基于常速度介质的条件，只适应速度变化平缓的介质，在速度变化比较大的地区不适用。式（4-15）作为波场外推公式，完成偏移的过程是对每一个频率的外推做积分计算。

（2）时间—空间域的克希霍夫积分式

$U_0(r_0,t_0)$ 代表地表波场位，地下任意一点的波场值可表示为：

$$U(r,t) = -\frac{1}{2\pi}\int \mathrm{d}A_0 \frac{\cos\theta}{rt}\left[\frac{\partial}{\partial t}U(r_0,t_0)+\frac{v}{r}U(r_0,t_0)\right]_{t_0=t\pm\frac{r}{v}}$$

$$(4\text{-}16)$$

其中，+对应反向传播的波；-对应于正向传播的波。其中倾斜因子 $\cos\theta = \frac{z}{r}$，延迟时间 $t = t_0\pm\frac{z}{v}$。

由于 $\frac{\partial}{\partial n} = -\frac{\partial}{\partial z}$，式（4-16）可变形为：

$$U(r,t) = \frac{1}{2\pi}\frac{\partial}{\partial z}\int \mathrm{d}A_0 \frac{U\left(r_0,t+\frac{r}{v}\right)}{r} \qquad (4\text{-}17)$$

式（4-17）是最简单的克希霍夫积分表达式。基本过程是从震源点和接收点进行波前计算，按照走时进行相应叠加，如果所有路径的走时计算正确，就会在某些部位产生极大值，这些极大值就确定了反射体的位置。图 4-5 所示为叠前时间偏移示意图，S 点为炮点，G 点为接收点，M 为地面观测点的中心点即 CMP 点，R 点为地下反射点。

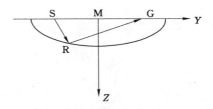

图 4-5　Kirchhoff 叠前时间偏移示意图

4.2　抽取角度道集

　　角度道集的抽取是进行 AVO 分析和叠前地震反演前期基础工作。地震处理道集一般是共中心点道集,道和道之间为炮检距的函数,而进行 AVO 分析和叠前反演研究振幅随着入射角的变化情况,通常要把炮检距关系转化成为入射角或者是一定范围角度叠加的关系,如图 4-6 所示为固定的入射角和固定的炮检距示意图。

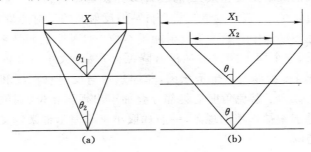

图 4-6　固定的炮检距和固定的入射角

　　把来自同一反射角或某一反射角范围所有时刻的地震记录放到同一地震道形成角度道。根据不同角度道的划分,重复计算得预设的角度道集。如图 4-7 为 CMP 道集中不同炮检距计算的入射角不同,相同炮检距不同反射点深度入射角也不同,一般随着反射点深度增加,相同炮检距入射角在不断减小。

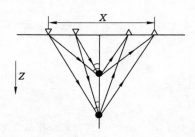

图 4-7 CMP 道抽取角度道示意图

4.2.1 确定角度道范围

　　划分角度道既要保证最大角度不超过最大偏移距,也要保证最大和最小角度对应的射线路径能扫描到所有目的层段,并且还要保证目的层段信噪比较高。角度道的范围包括两层含义:一是将炮检距道转化为对应范围角度道;二是在一个 CDP 范围内,计算该道集内所对应的最小角度和最大角度,即该角度道集的覆盖次数。在实际计算过程中,一般角度道是指来自某一反射面的反射能量。

　　在地震勘探中一般认为反射能量不是来自某个点而是来自一个面的能量,这个面上能量叠加没有降低分辨率,大小由菲涅尔带决定。如图 4-8 为菲涅尔带示意图,菲涅尔带与反射点深度和反射角大小有关。为了避免角度道集部分叠加道出现弱相位、相位反转等异常在叠加中被抵消的现象,一般选取小于菲涅尔带来定义角度道角度的范围。

4.2.2 计算角度

　　角度计算一般有采用直射线和曲射线法两种,其大小由目标层埋藏深度和炮检距大小决定。地震波在均匀介质中传播路径为直线,而在介质速度变化的地层中按照折线传播。一个道集内角度计算采用扫描的方法,例如要拾取 7° 角度道集,7° 代表中心角,在菲涅尔带范围内定义的角度道范围有可能是 3°～11°。

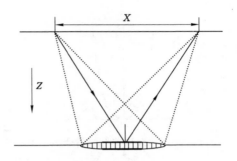

图 4-8　菲涅尔带宽度示意图

如图 4-9 所示均匀介质中地震波的传播，直射线的入射角计算公式为：

$$\theta = \arctan\left(\frac{X}{2Z}\right) \tag{4-18}$$

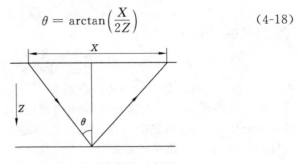

图 4-9　均匀介质直射线示意图

直线法把地下介质视为均匀层状介质，地层的速度呈阶梯状变化，与实际地层差别很大，按照这种方法抽取的角度道集资料可信度不高。

曲射线法把地下介质看作连续介质，速度看作深度的函数并且随深度线性变化，如图 4-10 所示。速度与深度的函数关系如式(4-19)所示：

$$v(Z) = v_0 + kZ \tag{4-19}$$

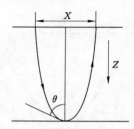

图 4-10 连续介质曲射线传播示意图

由 $\tan \theta = dX/dZ$，则 $x = \int_0^z \tan \theta dz$，又由 $\sin \theta / v = p$，$\tan \theta = \sin \theta / \sqrt{1 - \sin^2 \theta}$：

$$x = \int_0^Z \frac{p(v_0 + kZ)}{\sqrt{1 - p^2(v_0 + kZ)^2}} \tag{4-20}$$

经过整理有：

$$\theta = \arctan \frac{ZX + v_0 X/K}{X^2 + 2v_0 Z/k - X^2/4} \tag{4-21}$$

式中，v_0 和 k 可通过最小二乘法拟合而来。

曲射线法比直线法更符合实际地层情况，计算结果可信度高。但地下介质复杂，有时仍会存在较大误差。葛文军(1992)改进了曲射线的计算，利用速度分析结果计算入射角度。

4.2.3 角度道部分叠加道集

由于角度道集一般信噪比较低，进行 AVO 分析和叠前反演时通常选用角度道部分叠加道。角度道部分叠加道集通过在中心角范围内的道集做动校正以后进行叠加得到，由几个中心角度道组成，有时为了进一步提高信噪比，选择相邻角度道平均得到角度道。

4.3　Zeoppritz 方程

Zeopprritz 方程考虑了平面纵波和横波在平面两侧反射和透射

能量大小的复杂关系。若只考虑入射纵波在界面上发生的反射和透射能量转换,会产生反射纵波和横波、透射纵波和横波四种地震波,如图4-11所示。

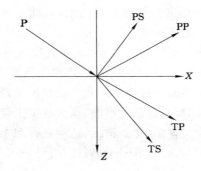

图 4-11　纵波入射示意图

描述入射纵波的能量矢量方程如式(4-22)所示:

$$
\begin{bmatrix}
\sin \alpha_1 & \cos \alpha_2 & -\sin \beta_1 & -\cos \beta_2 \\
\cos \alpha_1 & -\sin \alpha_2 & \cos \beta_1 & \sin \beta_2 \\
\sin 2\alpha_1 & \dfrac{v_{p1}}{v_{s1}}\cos 2\alpha_2 & \dfrac{\rho_2}{\rho_1}\dfrac{v_{s2}^2}{v_{s1}^2}\dfrac{v_{p1}}{v_{p2}}\sin \beta_1 & \dfrac{\rho_2}{\rho_1}\dfrac{v_{p1}v_{s2}}{v_{s1}^2}\cos 2\beta_2 \\
\cos 2\alpha_2 & -\dfrac{v_{s1}}{v_{p1}}\sin 2\alpha_2 & -\dfrac{\rho_2}{\rho_1}\dfrac{v_{p1}}{v_{p1}}\cos 2\beta_1 & \dfrac{\rho_2}{\rho_1}\dfrac{v_{s2}}{v_{p1}}\cos 2\beta_1
\end{bmatrix}
\begin{bmatrix}
A_{pp} \\ A_{ps} \\ B_{pp} \\ B_{ps}
\end{bmatrix} =
$$

$$
\begin{bmatrix}
-\sin \alpha_1 \\
\cos \alpha_1 \\
\sin 2\alpha_1 \\
-\cos 2\beta_2
\end{bmatrix}
\tag{4-22}
$$

其中,α_1 代表反射纵波 PP 的反射角;α_2 代表反射横波 PS 的反射角;β_1 代表透射纵波 TP 的透射角;β_2 代表透射横波 TS 的透射角;A_{pp} 表示反射纵波 PP 的反射系数;A_{ps} 表示反射纵波 PS 的反射系数;B_{pp} 表示透射纵波 TP 的透射系数;B_{ps} 表示透射纵波 TS 的反射系数。

通过求解 Zeoppritz 方程得到反射纵波和横波、透射纵波和横波之间的能量分布关系,计算出四种类型波的振幅系数。由于方程描述的是平面波而并非球面波,计算沿着波传播方向的反射系数却未考虑反射界面反射子波的干涉,并且未考虑吸收衰减、球面扩散、透射损失以及检波器的方向特性影响因素,因此这里求得的反射系数不同于实际观测的地震振幅。

矩阵方程解析解形式非常复杂,不能直观地分析地层介质参数与振幅系数的关系。为了明确反射系数和介质弹性常数的关系,地球物理专家推导出不同的近似解形式。地震勘探现阶段主要利用纵波作为震源,仅考虑接收的反射纵波,很大程度上简化了公式。目前流行的简化公式形式繁多,背景情况、适用条件和参数含义等稍有所差别(Borfeld,1961;Aki 和 Richards,1980;Shuey,1985)。

4.3.1　Borfeld 简化公式

1961 年,Borfeld 把 Zeoppritz 方程简化成固体和流体两部分。

$$A_{pp} \approx \frac{1}{2} \ln \left(\frac{v_{p2} \rho_2 \cos \alpha_1}{v_{p1} \rho_1 \cos \alpha_2} \right) + \left(\frac{\sin \alpha_1}{v_{p1}} \right)^2 \cdot$$

$$(v_{s1}^2 - v_{s2}^2) \left[2 + \frac{\ln \left(\frac{\rho_2}{\rho_1} \right)}{\ln \left(\frac{v_{p2}}{v_{p1}} \right) - \ln \left(\frac{v_{p2}}{v_{p1}} \frac{v_{s2}}{v_{s1}} \right)} \right] \quad (4\text{-}23)$$

式(4-23)第一项只包括纵波速度和密度,不涉及横波速度,故称为流体因子;第二项包括横、纵波速度和密度,被称为刚性因子。

一般当入射角小于 50°时该简化公式成立。

4.3.2　Aki 和 Richards 简化公式

Aki 和 Richards (1980)认为多数情况下,相邻介质两侧弹性参数变化 $\Delta v_p / v_p$、$\Delta v_s / v_s$ 和 $\Delta \rho / \rho$ 较小,此时纵波反射系数经过简化可近似为:

$$R \approx \frac{1}{2} \left(1 - 4 \frac{v_s^2}{v_p^2} \sin^2 \alpha \right) \frac{\Delta \rho}{\rho} + \frac{\sec^2 \alpha}{2} \frac{\Delta v_p}{v_p} \sin^2 \alpha \frac{\Delta v_s}{v_s} \quad (4\text{-}24)$$

式中，$v_p = (v_{p1} + v_{p2})/2$ 表示平均纵波速度；$\Delta v_p = (v_{p1} - v_{p2})$ 表示纵波速度差；$v_s = (v_{s1} + v_{s2})/2$ 表示平均横波速度；$\Delta v_s = (v_{s1} - v_{s2})$ 表示横波速度差；$\rho = (\rho_1 + \rho_2)/2$ 表示平均密度；$\alpha = (\alpha_1 + \alpha_2)/2$ 代表反射角和透射角的平均值，一般认为反射角和透射角两者差异不大，近似相等。

4.3.3 Shuey 公式

Shuey(1985)深入研究了泊松比对纵波反射系数的影响，提出了方程简化公式(4-25)：

$$\frac{R}{R_0} \approx 1 + A\sin^2\alpha + B(\tan^2\alpha - \sin^2\alpha) \tag{4-25}$$

式中：

$$R_0 = \frac{1}{2}\left(\frac{\Delta v_p}{v_p} + \frac{\Delta\rho}{\rho}\right), A = A_0 + \frac{1}{(1-\sigma)^2}\frac{\Delta\sigma}{R_0},$$

$$B = \frac{\Delta v_p/v_p}{\Delta v_p/v_p + \Delta\rho/\rho}, A_0 = B - 2(1+B)\frac{1-2\sigma}{1-\sigma}$$

其中，α 表示入射角，与透射角近似相等，并且随角度变化时该公式表示意义有所差别：当 $0° \leqslant \alpha \leqslant 30°$ 时，式中第三项对于反射系数没什么影响，此时称为 Shuey 的线性近似公式；当 $\alpha \geqslant 30°$ 时，第三项起主导作用。

4.4 弹性波阻抗反演基本原理

4.4.1 弹性波阻抗表达式推导

当纵波垂直入射时，反射系数 R 可以表示为：

$$R = \frac{\rho_2 v_2 - \rho_1 v_1}{\rho_2 v_2 + \rho_1 v_1} = \frac{AI_2 - AI_1}{AI_2 + AI_1} \approx \frac{1}{2}\Delta\ln AI \tag{4-26}$$

当波非垂直入射时，采用与式(4-26)相同的形式来表示反射系数 R：

$$R = \frac{EI_2 - EI_1}{EI_2 + EI_1} \approx \frac{1}{2}\Delta\ln EI$$

利用 Shuey 简化方程整理 EI 表达式：

$$R = \frac{1}{2}\left(\frac{\Delta v_p}{v_p} + \frac{\Delta \rho}{\rho}\right) + \left(\frac{\Delta v_p}{2v_p} - 4\frac{v_s^2}{v_p^2}\frac{\Delta v_s}{v_s} - 2\frac{v_s^2}{v_p^2\rho}\Delta\rho\right)\sin^2\theta +$$

$$\frac{1}{2}\frac{\Delta v_p}{2v_p}\sin^2\theta\tan^2\theta$$

$$= \frac{1}{2}\left[\frac{\Delta v_p}{v_p}(1+\tan^2\theta) - 8\frac{\Delta v_s}{v_s}\frac{v_s^2}{v_p^2}\sin^2\theta + \frac{\Delta\rho}{\rho}\left(1-4\frac{v_s^2}{v_p^2}\sin^2\theta\right)\right]$$

$$= \frac{1}{2}\Delta\ln\left(v_p^{(1+\tan^2\theta)}v_s^{-8\frac{v_s^2}{v_p^2}\sin^2\theta}\rho^{1-4\frac{v_s^2}{v_p^2}\sin^2\theta}\right) \tag{4-27}$$

综合式（4-26）、式（4-27）即推导出表达式：

$$EI = v_p^{(1+\tan^2\theta)}v_s^{-8\frac{v_s^2}{v_p^2}\sin^2\theta}\rho^{1-4\frac{v_s^2}{v_p^2}\sin^2\theta} \tag{4-28}$$

若波垂直入射即 $\theta=0°$ 时，$EI=AI$。

垂直入射与非垂直反射系数表达式形式相同，利用成熟叠后反演方法即可完成叠前弹性波阻抗反演计算。弹性波阻抗数值随角度发生剧烈变化，公式存在声阻抗值无法对比的问题，并且计算的反射系数也很不稳定。Whitcombe(2002)对 EI 公式进行了改进，提出了利于岩性和流体识别的扩充弹性波阻抗（EEI）公式。

令 $\tan x = \sin^2\theta, k = v_s^2/v_p^2$ 则：

$$EEI(x) = v_{p0}\rho_0\left[\left(\frac{v_p}{v_{p0}}\right)^{\cos x + \sin x}\left(\frac{v_s}{v_{s0}}\right)^{-8k\sin x}\left(\frac{\rho}{\rho_0}\right)^{\cos x - 4k\sin x}\right]$$

$$\tag{4-29}$$

扩展公式用 $\tan x$ 代替了 $\sin^2\theta$，突破了 $\sin^2\theta$ 所限制的 $[0,1]$ 区间，方便计算具有特殊意义的参数；由于在方程中引入了 v_{p0}，ρ_0 和 v_{s0} 等参数实现 EI 归一化到 AI。经过变形优化了 EI。

4.4.2　角度子波的提取

地震子波是地震反演过程中极其关键的参数。弹性波阻抗与入射角密切相关，参与反演计算的为与入射角相关的角度子波。针对不同角度道集分别提取角度子波，并且子波提取和层位标定迭代进行,以获得最佳子波和最佳标定,以井旁道和合成地震记录之间的相关系数具有最大主峰值作为判断标准,同时要求提取角度子波具有连续性不能发生突变。

4.4.3 弹性波阻抗反演的主要步骤

（1）地震数据的叠前保幅去噪处理

叠前反演依据反射波振幅随入射角变化规律,严格保护相对振幅信息不受到破坏是进行去噪处理和振幅恢复补偿的基本原则,处理手段要以不破坏原始振幅的相对关系和消除虚假振幅为依据。一般进行叠前噪声衰减、真振幅恢复和 NMO 后道集的剩余静校正等处理。

（2）抽取角度道集

将地震数据和叠前弹性反演联系起来,将地震偏移数据体转化为角度数据体,抽取不同的角度道组成角度道集。

（3）校正测井曲线

利用纵波、横波与密度测井资料和地震入射角信息计算井旁道 EI 伪波阻抗曲线,作为弹性波阻抗反演的标准和约束。此时,测井曲线要进行环境校正和归一化校正,做合适处理消除噪声和畸变点。

（4）层位标定和角度子波提取

叠前反演过程中层位标定和子波提取迭代进行。首先根据时深关系对齐解释层位和测井曲线层位保证合成地震记录和井旁地震道吻合较好,进而提取角度子波。提取角度子波和标定层位相互影响密切联系,交互迭代进行。

（5）建立初始模型

利用角度道部分叠加道和井旁相应入射角度的弹性波阻抗,建立反演过程中的低频部分;利用解释的地震层位控制外推,生成某个角度道集的低频模型。

弹性波阻抗和传统声波阻抗计算皆基于褶积模型,利用角度道部分叠加道集进行约束反演计算相对波阻抗,再加上前面提取的低频分量即为绝对弹性波阻抗。

4.5　同步反演基本原理

同步反演作为新兴的叠前反演方法,计算可生成多种岩性物理数据体。大量岩石物理性质研究表明:含水碎屑岩纵波速度和横波速度、纵波速度和密度存在一定的线性关系,换句话说纵波波阻抗和横波波阻抗线性相关。同步反演成立需满足两个前提:纵波波阻抗和密度、纵波波阻抗和横波波阻抗取对数形式之间存在线性相关关系;Aki-Richard 公式可近似表达纵波反射系数与反射角之间的关系。

4.5.1　同步反演线性关系公式

著名的 Gardner 公式描述了纵波速度和密度的关系。

$$\rho = a v_p^b \tag{4-30}$$

公式两边同乘以 ρ^b 得:

$$\rho^{b+1} = a(v_p\rho)^b$$

由于 $Z_p = v_p\rho$,两边取对数变形得:

$$\ln\rho = \ln a(1+b) + b(1+b)\ln Z_p \tag{4-31}$$

考虑到实际数据存在误差,则有:

$$\ln\rho = m\ln Z_p + m_c + \Delta L_D \tag{4-32}$$

同理,推导横波波阻抗和纵波波阻抗表述为线性方程的形式:

$$\ln(v_s\rho) = \ln(v_p\rho) + \ln(v_s/v_p) \tag{4-33}$$

令 $Z_p = v_p\rho, Z_s = v_s\rho, \gamma = v_s/v_p$,式(4-33)改写为:

$$\ln Z_s = \ln Z_p + \ln\gamma \tag{4-34}$$

同理,考虑存在的误差有:

$$\ln Z_s = k\ln Z_p + k_c + \Delta L_s \tag{4-35}$$

上述式(4-32)、式(4-35)两个线性表达式即为同步反演依据,利用测井信息和叠前地震信息反演求取 $\Delta L_p, \Delta L_s$ 和 Z_p 的过程,通过

ΔL_p，ΔL_s 和 Z_p 进而计算得到 ρ 和 Z_s。

4.5.2 同步反演公式推导

同步反演基于 Aki-Richard 近似公式重新组合，隶属于叠前反演范畴。

首先令：

$$R_p = \frac{1}{2}\left(\frac{\Delta v_p}{v_p} + \frac{\Delta \rho}{\rho}\right), R_s = \frac{1}{2}\left(\frac{\Delta v_s}{v_s} + \frac{\Delta \rho}{\rho}\right), R_d = \frac{\Delta \rho}{\rho}$$

拆分并重新组合得到公式(4-36)：

$$R_p(\theta) = C_1 R_p + C_2 R_s + C_3 R_d \tag{4-36}$$

这里 $C_1 = 1 + \tan^2\theta$，$C_2 = -8\gamma^2 \sin^2\theta$，$C_3 = 2\gamma^2 \sin^2\theta - 0.5\tan^2\theta$。

反射系数较小的前提条件下，反射系数可以表示为：

$$R_{pi} = \frac{Z_{pi+1} - Z_{pi}}{Z_{pi+1} + Z_{pi}} \approx \frac{1}{2}\frac{\Delta Z_{pi}}{Z_{pi}}$$

由微分公式 $\Delta \ln x = \frac{1}{x}$，得：

$$R_{pi} \approx \frac{1}{2}\Delta \ln Z_{pi}$$

令 $L_p = \ln Z_p$ 得：

$$R_{pi} \approx \frac{1}{2}\Delta L_{pi} = \frac{1}{2}(\Delta L_{(pi+1)} - \Delta L_{pi}) \tag{4-37}$$

式(4-37)矩阵表达形式为：

$$\begin{bmatrix} R_{p1} \\ R_{p2} \\ \vdots \\ R_{pn} \end{bmatrix} = \frac{1}{2}\begin{bmatrix} -1 & 1 & \cdots & \cdots & 0 & \cdots \\ \vdots & -1 & 1 & \vdots & \vdots & \vdots \\ \vdots & \vdots & \vdots & -1 & 1 & \vdots \\ 0 & \cdots & \cdots & \cdots & -1 & 1 \end{bmatrix}\begin{bmatrix} L_{p1} \\ L_{p2} \\ \vdots \\ L_{pn} \end{bmatrix} \tag{4-38}$$

其中，D 为微分矩阵。

同理令 $L_s = \ln Z_s$，$L_d = \ln Z_d$，得：

$$R_s = \frac{1}{2}DL_s \tag{4-39}$$

$$R_d = \frac{1}{2}DL_d \qquad (4\text{-}40)$$

将式(4-38)和式(4-39)带入 Aki-Richard 近似公式,式(4-36)变形为:

$$R_p = \frac{C_1}{2}DL_p + \frac{C_2}{2}DL_s + C_3 DL_d \qquad (4\text{-}41)$$

叠前地震反演建立在褶积模型基础上,同步反演亦不例外。为了计算方便忽略噪声,式(4-41)可简化为:

$$T(\theta) = W(\theta) * R_p(\theta) \qquad (4\text{-}42)$$

式中,$T(\theta)$ 代表角度道集;$W(\theta)$ 代表角度子波。

将式(4-41)带入式(4-42),则:

$$T(\theta) = \frac{C_1}{2}W(\theta)DL_p + \frac{C_2}{2}W(\theta)DL_s + C_3 W(\theta)DL_d \qquad (4\text{-}43)$$

对 $\ln \rho = m\ln Z_p + m_c + \Delta L_D$,$\ln Z_s = k\ln Z_p + k_c + \Delta L_s$ 进行微分计算得:

$$\begin{aligned} DL_s &= kDL_p + D\Delta L_s \\ DL_d &= mDL_p + D\Delta L_d \end{aligned} \qquad (4\text{-}44)$$

将式(4-44)带入式(4-43),则:

$$T(\theta) = \left(\frac{C_1}{2} + \frac{C_2 k}{2} + C_3 m \right)W(\theta)DL_p + \frac{C_2}{2}W(\theta)DL_s + C_3 W(\theta)DL_d \qquad (4\text{-}45)$$

令 $\widetilde{C}_1 = \dfrac{C_1}{2} + \dfrac{C_2 k}{2} + C_3 m$,$\widetilde{C}_2 = \dfrac{C_2}{2}$,变形得:

$$T(\theta) = \widetilde{C}_1 W(\theta)DL_p + \widetilde{C}_2 W(\theta)DL_s + C_3 W(\theta)DL_d \qquad (4\text{-}46)$$

角度道集参与同步反演计算过程,由式(4-46)可得线性方程组:

$$\begin{bmatrix} T(\theta_1) \\ T(\theta_2) \\ \vdots \\ T(\theta_n) \end{bmatrix} = \begin{bmatrix} \widetilde{C}_1 W_{\theta 1} D & \widetilde{C}_2 W_{\theta 1} D & C_3 W_{\theta 1} D \\ \widetilde{C}_1 W_{\theta 2} D & \widetilde{C}_2 W_{\theta 2} D & C_3 W_{\theta 2} D \\ \vdots & \vdots & \vdots \\ \widetilde{C}_1 W_{\theta n} D & \widetilde{C}_1 W_{\theta n} D & C_3 W_{\theta n} D \end{bmatrix} \begin{bmatrix} L_p \\ L_s \\ L_d \end{bmatrix} \qquad (4\text{-}47)$$

　　参与反演计算的角度道集一般大于 3 个,线性方程组为超定方程组。采用共轭梯度法可求解最优解。

　　同步反演作为一种新兴叠前反演方法,可同时获得多种岩性体,通过组合计算灵敏的岩性识别指示因子——$\mu * \rho$ 与 $\lambda * \rho$ 属性体,提高岩性解释的水平。同步反演与叠前弹性波阻抗反演相互独立,可以有效减少弹性波阻抗反演单方面误差,提高反演精度降低地震岩性反演解释的风险。

4.6　本章小结

　　叠前地震反演方法基于 Zeoppritz 方程近似公式,利用角度叠加道集而非常规的 CMP 道集参与反演计算。从地震资料保真处理、抽取角度道集、弹性波阻抗反演等几个重要环节总结了整套叠前反演实现步骤。主要完成了以下几个方面的工作:

　　(1)地震资料采集和处理过程会引起地震波振幅发生变化,为了保护振幅相对关系不发生人为改变,选用叠前去噪处理技术去除干扰波。进行地表一致性振幅补偿,地表一致性反褶积和地表一致性剩余静校正处理,分别从振幅分量、子波因子分量和剩余时差分量角度出发消除地表条件和近地表引起的地震波异常。

　　(2)原始地震资料经过预处理后将 CMP 道集转化成角度道集。根据菲涅尔带确定角度道的范围,利用曲射线扫描的方法来计算入射角度,计算过程采用精细速度分析得到的速度场资料。生产中一般选取中心角范围内的角度道集生成部分角度道集叠加来提高角度道集信噪比。

　　(3)Zeoppritz 方程及其衍生的近似公式是叠前反演的理论依据,由于突破了常规反演关于零炮检距的假设,在分辨率和岩性流体识别能力上超过了常规反演方法。

　　(4)依据 shuey 近似公式推导整理 EI 的表达式。采用基于模型的方法完成反演计算,其中提取角度子波和建立初始模型是保证反演结果的最基础环节。

（5）同步反演基于 Aki-Richard 近似公式的重新组合。反演计算之前须验证反演成立的两个前提条件，反演结果生成多种岩性体，通过组合获得更灵敏的岩性识别指示因子——$\mu * \rho$ 和 $\lambda * \rho$ 岩性数据体，显著提高了岩性地震解释水平。

5　煤与瓦斯突出危险性预测研究实例

　　山西阳煤集团新景煤矿掘进和回采过程中多次发生了煤与瓦斯突出事故,对瓦斯易发生突出地带进行较准确预报,可作为预防灾害事故频发的重要手段。一般来说,构造煤分布区是瓦斯富集区域的必要条件,利用岩性地震反演方法评价煤体中构造煤发育的情况圈定瓦斯分布区,为预防瓦斯突出事故提供科学依据。

　　本章从新景佛洼区主要煤层赋存和瓦斯地质情况入手,简要介绍了地震资料野外采集和资料主要处理手段,应用地震 PNN 反演、弹性波阻抗反演以及同步反演方法完成了佛洼矿区 15# 煤层内部构造煤分布的预测工作。

5.1　研究区地质与瓦斯地质赋存概况

5.1.1　佛洼区地层与构造概况

　　研究区内地层出露良好,主要为上二叠系上石盒子组、石千峰组,第四系遍布山梁、沟谷两侧阶地。根据钻孔揭露从老到新地层:奥陶系峰峰组,石炭系本溪组、太原组,二叠系山西组、下石盒子组、上石盒子组、石千峰组和第四系松散沉积,如图 5-1 所示,主要地层介绍如下。

　　(1) 中奥陶统峰峰组($O_2 f$)

　　由泥灰岩和深灰色石灰岩组成,中部含有大量石膏,呈似层状和脉状水平分布,最大厚度可达 4~8 m,夹于泥灰岩和石灰岩之间,底部还常出现 1～2 层角砾状泥质灰岩和角砾状石灰岩,全组总厚160～190 m。

(2) 上石炭统本溪组(C_2b)

本组平行不整合于奥陶系峰峰组之上,岩性为灰黑色、黑色的砂质泥岩、泥岩、灰白色细—中粒砂岩、灰色的铝质黏土岩以及 2～3 层的深灰色石灰岩。在灰岩下部,常夹一层无开采价值的薄煤层。本组大致分为两段:下部层段以铝质岩为主,上部层段以砂泥岩为主。三层灰岩下部一层最厚,多在 7 m 左右,最上一层较薄,多在 1.0 m 以下。本组总厚最大可达 52 m,最小 41.95 m,平均 50.7 m,总的趋势是东部较厚,西部较薄。

(3) 上石炭统太原组(C_3t)

太原组是本区主要含煤岩系之一,连续沉积于本溪组地层之上,在本区东部的蒙村河岸有出露。全组厚度 107.33～140.60 m,平均 125 m。由灰黑色、黑色砂质泥岩、泥岩、灰白色细—中粒砂岩和煤层组成。全组共有 3 层石灰岩和 9 层煤层,其中,主要可采煤层 2 层($15^\#$、$12^\#$),局部可采煤层 4 层,含煤系数 11.9%。

(4) 下二叠统山西组(P_1s)

山西组也属于本区主要含煤岩系,连续沉积于太原组煤系地层之上,在本区东部的一些沟谷中有出露。厚度东部较厚,可达 75.2 m,西部地区较薄,最小为 43.7 m,平均为 56 m 左右。主要由灰黑色砂质泥岩、泥岩、灰白色细—粗粒砂岩和煤层组成。共含有煤层 6 层,其中,主要可采煤层 1 层($3^\#$),局部可采煤层 1 层($6^\#$),含煤系数 7%。

(5) 二叠系下石盒子组(P_1x)

下石盒子组出露于本区东部,连续沉积于山西组地层之上,根据岩性和特征,大致分为三段:

① 绿色岩层段(P_1x^1)

本段主要出露于官沟口、井沟以及蒙村河的东岸一带,由灰黑色砂质泥岩及灰白带绿色的砂岩组成,底部为一层灰白色的细—粗粒

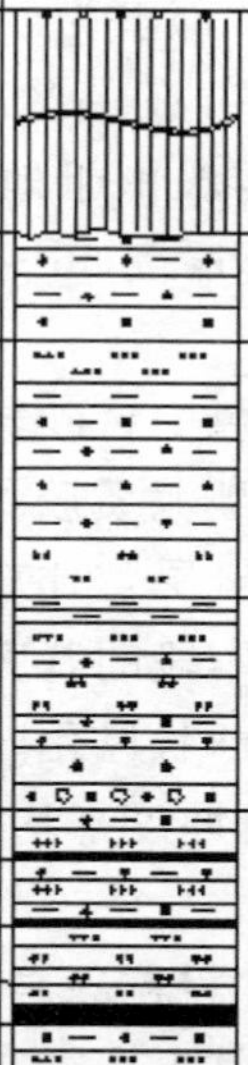

地层单位				柱 状	地层厚度/m 最小~最大 平均值	岩 性 描 述
界	系	统	组			
新生界					$\dfrac{0{\sim}20}{10}$	主要为棕红色砂质黏土、红色黏土，含钙质结核
古生界	二叠系	上统	石千峰组 K_{13}		>80	紫红色、砖红色泥岩、砂质泥岩和细砂岩组成
			上石盒子组 K_{10}		305	紫色、杂色、灰绿色砂质泥岩及少量灰绿色砂岩组成
		下统	下石盒子组 K_8		$\dfrac{100.95{\sim}137.47}{123.10}$	黄绿色砂岩、砂质泥岩组成，夹有煤线
			山西组 K_7	1# 2# 3#	$\dfrac{43.7{\sim}75.2}{56}$	深灰色泥岩、砂岩和煤层组成。含煤1~4层(1#、2#、3#、4#)，其中3#煤层厚5~7 m
	石炭系	上统	太原组 K_1	5# 7# 8# 9# 11# 12# 14# 15#	$\dfrac{107.33{\sim}140.60}{125}$	由灰黑色、灰色泥岩、砂质泥岩、砂岩、石灰岩(4~7)和煤层组成，含煤十余层，其中15#为可采煤层
			本溪组		$\dfrac{41.95{\sim}52.00}{50.7}$	由浅灰色铝土质泥岩及石灰岩组成，顶部有薄煤层
	奥陶系	中统	峰峰组		160~190	由石灰岩、白云质灰岩及泥质灰岩、石膏层组成

图 5-1 佛洼区地层综合柱状图

砂岩(K_8),厚度平均为 5~8 m,此层砂岩层位稳定,地表出露标志明显,是良好的标志层,也是本段的基底砂岩。在本段中部,一般多为细粒砂岩,有时相变为砂质泥岩。下部多为砂质泥岩,含 1~2 层鲕状和鳞片状的黏土岩夹菱铁矿结核,在一些局部地区有时还出现 2~3 层煤线,上部多为粗粒砂岩。本段由于地表风化后砂岩及砂质泥岩呈浅绿色,因而称绿色岩段。总厚度 36~105 m。

② 黄色岩层段(P_1x^2)

本段由灰黑色砂质泥岩与黄绿色中粒砂岩组成。底部为一层灰白色的中—粗粒砂岩(K_9),其特征是泥质胶结,疏松,易风化,厚度较大,一般多在 10 m 左右,该层砂岩层位比较稳定,在地表出露比较明显,是本组的良好标志层,属于本段的基底砂岩。在砂岩中常含有菱铁矿,呈扁豆状薄层分布,常呈球状风化。本段岩层在地表风化后多呈灰黄色,因而称黄色岩层。总厚度平均为 50 m 左右。

③ 砂岩段(P_1x^3)

本段主要由 1~2 层灰白色中—粗粒砂岩和 2~3 层黄绿色砂质泥岩及一层黄红色和灰白色的铝质黏土岩组成,全厚 28~50 m。顶部为一层 5~8 m 厚的黄红色、灰白色的铝土泥岩(K_{10}),由于含铁质,风化后铁质侵染,呈红白色,犹如桃花,故名桃花泥岩。本层层位稳定,厚度变化不大,在地表出露标志明显,是本段良好的标志层。本段的中部及下部,均系两层厚度较大的中—粗粒砂岩,砂岩中常含有砾石,局部为细砾岩,该层砂岩多属于硅质胶结,坚硬耐蚀力强,在地表因风化常形成断崖陡壁。

(6)二叠系上石盒子组(P_2s)

本组大面积出露于本区的西部,总厚度为 305 m 左右,连续沉积于下石盒子组地层之上。根据其岩性特征,主要分为三个层段,由上往下依次为:

① 黄红色岩层下段(P_2s^1)

本段为黄红色、灰绿色砂质泥岩、泥岩及细粒砂岩组成。砂岩不稳定,呈透镜状和扁豆状,连续性差。泥岩中含有大量的紫斑。总厚度 55～77 m。

② 黄红色岩层上段(P_2s^2)

本段主要为黄色、紫色、黄褐色的砂质泥岩与红绿色的砂质泥岩组成。上部为紫色与黄褐色,下部为黄色、黄绿色,含透镜状砂岩,变化大,连续性差。在本段的底部为一层灰绿色的中—粗粒砂岩(K_{11}),亦称中间砂岩,厚度一般为 10 m 左右。成分以石英为主,胶结较好,但分选较差。该层砂岩层位稳定,在地表出露标志明显,是本段中的良好标志层。本层砂岩由于胶结较好,耐风化,在地表常形成陡崖,同时含水性也较好,在一些向斜部位常形成下降泉。砂岩的顶面,常分布一层 0.3～0.6 m 厚的锰铁矿,但连续性差,在吴家掌一带发育较好,全段总厚度为 52～93 m。

③ 褐色岩层段(P_2s^3)

本段出露于西部较高的山顶部位,主要由紫红色、暗黄色的泥质岩和砂质泥岩及灰白色、黄绿色和紫色的砂砾岩组成,并含有铁矿。在本段的底部是一层巨厚的灰白色砂砾岩(K_{12}),称狮脑峰砂岩。该层砂岩为硅质胶结,砾石为石英、蛋白石和燧石,粒度不等,最大可达 2～3 cm。由于胶结致密,岩石坚硬,耐蚀力强,常形成断崖陡壁。由于此层砂岩厚度较大,层位稳定,标志明显,是本区上石盒子组中的良好标志。砂岩底部常夹有一层 0.1～0.2 m 暗绿色砂质泥岩,是良好的不透水层,因此在一些低洼处,常出现一些狮脑峰砂岩含水的下降泉。本层砂岩在本区的分布情况是北厚南薄,从马家坡村往北逐渐分为两层,中间被一层黄绿色的砂质泥岩所分割,全层总厚度为 50～160 m。

(7) 二叠系石千峰组(P_2sh)

主要分布于本区西部的高岭,佛洼以北的担山和双足山顶一带,底部为一层浅红色含砾石的中—粗粒砂岩(K_{13}),连续沉积于上石盒子组地层之上。砂岩厚度一般 10～15 m,层位比较稳定,标志明显,为本组良好的标志层。砂岩往上由紫红色、砖红色的泥岩和砂质泥岩与细粒砂岩所组成,上部夹数层扁豆状的淡水灰岩,该组由于颜色鲜艳,与下伏石盒子组极易区别,但在本区因风化剥蚀,出露不全,最大出露厚度达 80 m 左右。

(8) 第四系(Q)

第四系地层不整合覆于各时代地层之上,大多分布于一些比较平坦的山顶和平缓的山坡地带。由于露头零星分布,岩性变化甚大,对比上有一些困难,大致分为中上更新统的离石黄土和马兰黄土$(Q_2 + Q_3)$。

① 中更新统离石组$(Q_2 l)$

浅棕黄微带红色的粉砂土和亚黏土,富含钙质结核,并夹有 1～2 层古土。此层粉砂土较致密,局部地段钙质较高,质较坚硬。古土壤有大孔构造,有黑色的植物遗留根孔,总厚度 0～20 m。

② 上更新统马兰组$(Q_3 m)$

马兰黄土普遍分布于山梁和一些比较平缓的山坡上,与中更新统呈不整合接触或直接覆于基岩之上。岩性为浅黄色的亚砂土和细粉砂土,孔隙较大,垂直节理发育,由于水流的切割作用,常形成两壁陡峭,不易坍塌,在冲沟发育地区还常常形成一些黄土立柱。本层中钙质结核较多,常形成姜结石状,全组总厚度 0～20 m。

(9) 全新统(Q_4)

本组主要分布于河谷 1、2 级阶地和河滩中,为现代河床冲积和洪积以及一些坡积,其岩性为砂卵石、碎石及粉砂。根据桃河勘探资料,冲积层结构上下多为砂卵石,中间普遍有一层 1～2 m 厚的黄褐色亚黏土。全统厚度为 10～20 m,另外在一些山麓,由于地壳的上升,侵蚀切割,地形陡峻,岩层的软硬相间的组合,因耐蚀力的不同,在一些坚硬、厚度较大的岩层中常形成断崖陡壁,又经长期的风化和重力作用,断崖和陡壁发生崩塌和滑落,形成了较多的滑坡堆积物,呈零星分布,厚度不等,应属全新统的堆积。厚度多在 10～20 m。

该区构造总体来说比较简单,勘探区范围内发育有两个向斜、一个背斜,其轴向均为 NE 向,地层倾角一般为 3°～8°,勘探区未发现断层和陷落柱构造。

5.1.2 新景矿井田主采煤层

研究区(佛洼区)主要可采煤层为 $3^{#}$、$8^{#}$ 和 $15^{#}$ 煤层。

$3^{#}$ 煤:位于 $2^{#}$ 煤层往下 24~20 m 处,东部间距略有增厚,西部相对变薄,最薄 6.05 m。本层两极厚度 0.75~4.32 m,平均为 2.33 m,煤层结构简单,只在上部有一层 0.03~0.05 m 厚的夹石层,夹石层层位稳定、分布甚广,极个别地区曾出现有中夹石层,厚度为 0.2 m,但范围甚小。该煤层在全区内均有分布,厚度稳定,只是在局部地区因受河流冲蚀而煤层变薄甚至尖灭,但范围不大。从整体来看,本煤层东部较厚,西部较薄,由东南往西北方向有逐渐变薄之势。

$8^{#}$ 煤:位于 $8_{上}^{#}$ 煤层往下 0.78~8.31 m 处,平均间距为 2.33 m,煤层厚度为 0~3.44 m,可采区内平均厚度为 1.73 m。在井田西部、南部、中部发育较好,可采性高,东北部不发育,一般多不可采,只有一些零星地段达到可采厚度,大面积尖灭。在高岭村至东西畛往东一直延伸到张家岩村以北,由于上部夹石层增厚分割为两个独立的煤层($8_{上}^{#}$ 煤层与 $8^{#}$ 煤层),而出现一条约 2 km 宽、6 km 长、西部呈北东方向、东部呈北西方向的一个"人"字形不可采带。从整体上来看:本层厚度,由北东往西南方向逐渐增厚,西南部最厚可达 3.0 m 以上,尤其是在旧街村一带最厚。本层一般出现 1~2 层夹石,个别地区出现 3 层,夹石厚度多在 0.01~0.5 m,岩石成分多为泥岩和砂质泥岩或碳质泥岩。本层由于往西部厚度增大,可采性高,厚度也比较稳定,将成为本区西部的主要可采的中厚煤层。

$15^{#}$ 煤:位于 K_2 灰岩之下,距 $13^{#}$ 煤层 14.92~51.19 m,平均为 22.14 m。本煤层在全区内均有分布,且厚度稳定,全部可采,是本区的主要可采煤层,在西部的田家庄、石垛足,高岭村一线往西的杨坡村往南,由于下部的夹石层增厚,将本层分为两个独立的煤层,夹石层厚 0.7~5.72 m,平均为 2.69 m,被分割的煤层,上层煤($15^{#}$ 煤层)厚为 4.0 m 左右,下层煤为 $15_{下}^{#}$ 煤,平均厚度为 1.46 m 左右,在正常区内煤层厚度 3.94～8.21 m,平均为 6.14 m。煤层夹 3～5 层夹石,其中比较稳定、厚度相对较大的有 3 层:顶部的八寸石,厚度及层位均比较稳定,位于顶板往下 0.3 m 处,厚度 0.10～0.15 m,为黑色泥岩和碳质泥岩;连岩石,位于中部,由顶板往下 2.0～3.0 m 处,层位稳定,分布也较广,厚度多在 0.08～0.10 m,但在西部地区变薄至 0.05 m,有的甚至变薄至 0.01 m,本层夹石属于高岭石泥岩,高岭石占 90% 以上,也是良好的陶瓷原料;驴石,位于煤层的下部由底板往上 1.5 m 处,层位稳定但厚度变化较大,最大时可达 1.0 m 左右,一般多在 0.2～0.6 m,呈凸镜状分布,为灰黑色的高岭石泥岩。

5.1.3　瓦斯地质概况

阳泉矿区属典型高瓦斯矿井,煤瓦斯含量相对较高,掘进和回采过程中曾多次发生煤与瓦斯突出。随着垂向埋深加大,瓦斯含量呈增大的趋势,煤层的透气性差、瓦斯含量相对较高。在构造破碎带和采空区等易发生瓦斯局部聚集地带,必须防范突出事故的发生。

2006 年 11 月煤炭科学研究总院重庆分院对新景煤矿进行了瓦斯等级鉴定:矿井绝对瓦斯涌出量为 212.6 m³/min,相对瓦斯涌出量为 21.35 m³/t,最大相对瓦斯涌出量为 106.3 m³/t;矿井绝对二氧化碳涌出量为 5.79 m³/min,相对二氧化碳涌出量为 0.58 m³/t,确定新景煤矿为煤与瓦斯突出矿井。

5.2　地震资料的采集与主要处理流程

5.2.1　地震地质条件

(1) 表层地震地质条件

佛洼区为一典型低山区地貌:沟谷纵横,梁垣陡立,高差变化较大,最大相对高差达 325 m,除极少部分地段较平缓外,其余部位高差起伏较大,一般坡度为 30°。地面坡度的变化不仅使反射波双曲线形状发生畸变,还造成了反射点的离散,严重破坏了常规地震勘探的水平观测面的前提。此外,在测区东部还有一村庄和高压线。如此复杂的地形条件,不仅给测线布设和野外施工带来相当大的困难,而且给静校正参数测定及资料处理增加了难度。

简而言之,表层地震地质条件很差。

(2)浅层地震地质条件

佛洼区浅层地层结构主要分为三种类型:黄土覆盖区,面积占全区的 14%,主要分布于山脊及两侧的平台、斜坡上,厚度一般小于10 m,岩性以含砂黏土和黏土为主,不含水波速极低;坡积物区,滑石区 1 处,面积占全区的 1.8%,滑坡区 1 处,面积占全区的 1.5%,主要分布于沟谷斜坡,面积不大,堆积厚度不详,极为松散,对地震波的激发与接收不利;基岩出露区,分布于测区的大部,占全区面积的80%以上,岩性主要为含石英砂岩,岩石坚硬。复杂多变的浅层地层结构对地震波的激发、接收均十分不利,极易产生较强的面波和声波干扰。

总之,浅层地震地质条件比较差。

(3)深层地震地质条件

$3^{\#}$ 煤和 $15^{\#}$ 煤是地震勘探的主要目的层,主采煤层基本上为单斜构造,沉积稳定,结构简单,倾角较小。煤层的地震波传播速度与密度与上下围岩有较大差异,作为较好的波阻抗界面,可产生连续对比追踪的反射波。$6^{\#}$、$8^{\#}$、$9^{\#}_{\pm}$、$9^{\#}_{\mp}$ 和 $12^{\#}$ 煤等属于区内局部可采煤层,也可形成较为连续的反射波,可以作为辅助相位追踪和对比解释。因此,本区深层地震地质条件良好,为圆满完成本次勘探任务奠定了良好的地质基础。

综上,本区表浅层地震地质条件复杂,深层地震地质条件良好,属于地震地质条件较复杂的区域。

5.2.2 原始地震资料采集

根据野外地震采集条件和以往阳泉矿区三维地震勘探经验,针对资料采集工作遇到的难点,精细计算和分析该区的观测方向,面元大小,大炮检距和覆盖次数等重要观测系统参数,最终确定选择中间爆破 8 线 5 炮制规则束状观测系统。表 5-1 所示为观测系统主要参数。

表 5-1   三维观测系统参数表

名称	参数
观测系统类型	束状
接收道数	800(8×100)
接收线数	8 条
接收线距	100 m
接收道距	10 m
激发炮排距	100 m
激发炮点距	20 m
CDP 网格	10 m(横)×5 m(纵)
叠加次数	20 次(横 4×纵 5)
横向最大炮检距	390 m
横向最小炮检距	10 m
纵向最大炮检距	495 m
纵向最小炮检距	5 m
最小炮检距	11.2 m
最大炮检距	630.2 m

5.2.3 地震资料处理流程

针对该矿区复杂的野外地质条件,以保护叠前反演的相对振幅关

系为原则,在处理过程中选取了地表一致性处理、波前扩散补偿、lemur
去线性干扰等手段提高资料处理的效果,处理流程如图 5-2 所示。

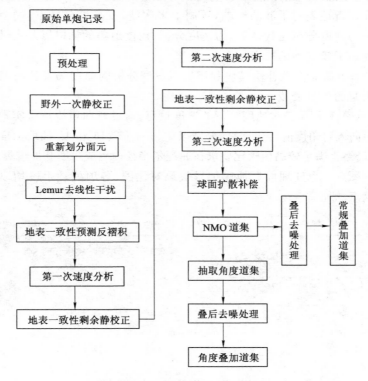

图 5-2　野外地震资料处理流程图

（1）完成地震数据的解编、数据格式转换和道编辑等预处理
工作。

（2）将原始采集的 5 m×10 m CDP 网格重新划分为 20 m×
20 m 的网格,提高角度道集的信噪比和速度分析精度。

（3）线性噪声压制技术:山区资料采集干扰较大,噪声压制是提
高资料信噪比的关键技术,采用不同方法与模块分别对面波、声波、
单频干扰、高频干扰和随机干扰等进行衰减和压制。Lemur 模块对

于压制线性噪声效果显著。

（4）地表—致性反褶积和地表—致性静校正技术；反褶积处理消除了近地表对子波的影响，压制了多次波，提高了分辨率；剩余静校正与速度分析迭代计算，为速度分析、角度道集的抽取以及去噪处理提供了较准确的速度场。

（5）球面扩散补偿模块利用最后速度分析的速度场补偿波前扩散引起的能量衰减。

（6）利用第三次速度分析的速度信息，通过弯曲射线算法实现炮检距向入射角度的转化计算，分别以 7°、10°、13°、16°和 19°抽取角度道集，最终为满足较高信噪比要求在菲涅尔半径内生成角度叠加道集。

图 5-3 为处理前后地震记录效果对比图，各项处理手段均取得了满意的地质效果。

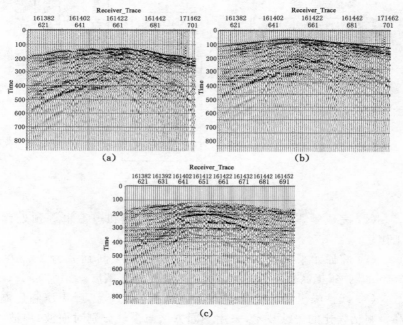

图 5-3　地震资料处理前后效果对比图

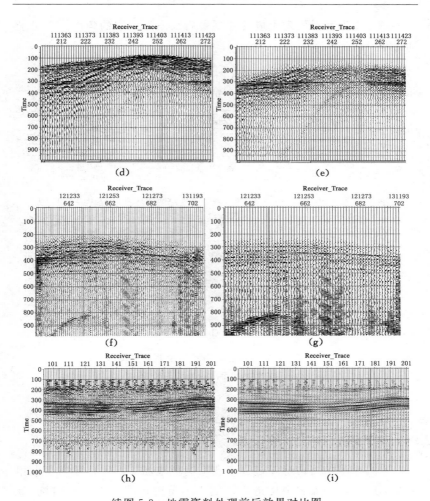

续图 5-3　地震资料处理前后效果对比图

（a）原始野外单炮初至抖动严重；（b）野外静校正后初至基本拉平；

（c）地表一致性预测反褶积处理,提高了地震分辨率；

（d）,（e）应用 lemur 去除干扰前后,低频线性干扰去除较好,几乎不损伤有效波；

（f）,（g）球面扩散补偿前后对比,压制了浅层的能量,提高了深层的能量；

（h）,（i）经过 fxy 去噪前后,干扰去除效果显著,叠后剖面同相轴更连续

图 5-4 为资料处理生成的常规叠后剖面和截取的角度道部分叠加道集。

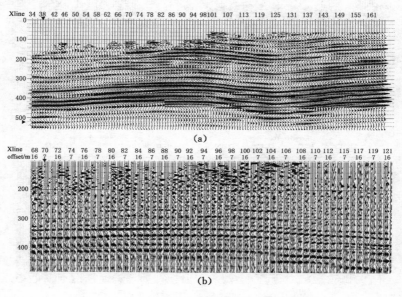

(a)

(b)

图 5-4　常规叠加剖面和角度叠加道集

(a) 常规叠加剖面；(b) 角度道集剖面

5.3　基于 PNN 反演的孔隙率预测

原生煤演化为构造煤过程中孔隙明显增加。评价孔隙率参数相对大小成为识别煤层中构造煤体的一项重要依据。以声波阻抗、叠前波阻抗反演结果和地震数据多种属性数据作为输入，孔隙率测井属性作为输出目标进行反演预测。

新景井田范围内上百口钻孔，有效地控制了煤层的赋存状态。研究收集到佛洼区十余口钻孔的测井资料，选取 157、159、160 和 163 等 7 口井参与孔隙率反演计算。

目前,我国煤田采用的测井方法主要有以岩石电学性质为基础的电测井(如视电阻率测井),以岩石核物理性质为基础的放射性测井(如密度测井)和以岩石声学性质为基础的声测井(如声速测井)。

煤田测井资料会缺少进行岩性反演所需的速度测井资料,一般选择利用已有的物性参数进行转换。第 2 章介绍了常见岩石物性参数之间的经验公式,用来作为曲线转换的依据。PNN 反演以孔隙率曲线作为预测目标属性曲线,多数情况下矿区缺少该类型曲线,一般通过经验公式(5-1)利用已知测井曲线转化生成。

$$\varphi = \frac{\Delta t - \Delta t_{\mathrm{m}}}{\Delta t_{\mathrm{f}} - \Delta t_{\mathrm{m}}} \frac{1}{\Delta C_{\mathrm{F}}} \tag{5-1}$$

式中,Δt,Δt_{m} 和 Δt_{f} 分别表示实测曲线的声波时差,岩石骨架与孔隙流体的声波时差;ΔC_{F} 表示岩石压实校正系数。在煤系地层中一般取 $\Delta C_{\mathrm{F}} = 0.85$,$\Delta t_{\mathrm{m}} = 147 \ \mu s/m$,$\Delta t_{\mathrm{f}} = 2\ 200 \ \mu s/m$。

5.3.1 计算最佳地震属性组合

从三维地震叠加数据体中提取多种地震属性,联合声波阻抗和弹性波阻抗作为外部属性作为输入,孔隙率测井属性作为目标属性输出,利用第 3 章介绍的 step-wise 方法寻找到最佳属性组合。

首先预选取 10 种地震属性参与计算(图 5-5),预测误差随着地震属性种类的增多而不断减小;其次,为了避免结果出现过度匹配的现象,通过交叉验证来计算检验误差,以确定地震属性种类的数目,经过计算第 5 种地震属性验证误差出现了最小值,确定前 5 种属性构成最佳属性组合。声阻抗倒数,15/20~25/30 Hz 频率分量,弹性波阻抗的倒数与导数以及 45/50~55/60 Hz 频率分量,作为 PNN 反演最佳地震属性组合。

5.3.2 孔隙率预测

利用 step-wise 方法优选出最佳属性组合训练 PNN。作为一种寻找测井目标属性与最佳地震属性组合之间非线性关系的有利工

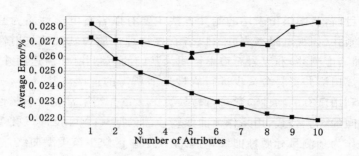

图 5-5 step-wise 方法计算最佳属性组合

具,神经网络训练结果如图 5-6 所示,孔隙率平均误差为 0.82%,相关系数达到 0.976。为了避免出现过度匹配的现象,计算该神经网络的交叉验证误差,如图 5-7 所示,平均误差增至 2.4%,相关系数为 0.77,证明训练完毕的神经网络具有可靠性和稳定性特征,可以推广应用到整个地震数据体。

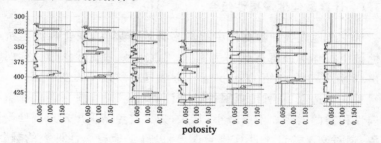

图 5-6 PNN 训练结果

将训练完成的神经网络应用到常规叠加地震数据体,即完成了整个反演过程。图 5-8 为 inline 49 线孔隙率预测剖面,不同的岩层孔隙率差别较大,泥岩较低,砂岩较高,煤层孔隙率相比其他地层较高。利用孔隙率反演结果定性评价 15# 煤层的构造煤分布区,沿煤层孔隙率切片如图 5-9 所示,深色区域代表高孔隙率发育区,多边形标记区域解释为构造煤分布的潜力区。

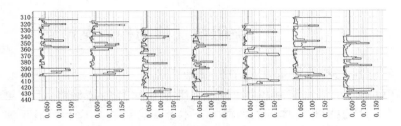

图 5-7 PNN 交叉检验结果

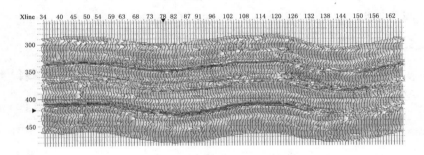

图 5-8 inline 49 线的孔隙率预测剖面

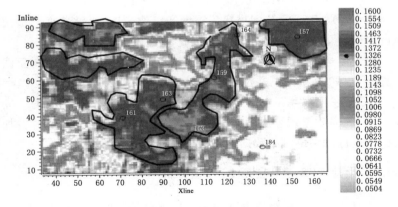

图 5-9 15# 煤层内部孔隙率预测的切片

5.4　基于弹性波阻抗反演的构造煤预测

弹性波阻抗技术摆脱了传统地震勘探垂直入射的局限,将 AVO 思想引进反演领域,与常规声阻抗相比有独特优势,具有更高的岩性识别和流体探测的能力。本节综合应用叠前和叠后反演技术,联合 AI 和 EI 两种波阻抗信息,预测识别 15# 煤层中构造煤的分布区,进而为评价 15# 煤层发生煤与瓦斯突出的可能性提供地质依据。

5.4.1　反演资料准备

研究矿区缺少弹性波阻抗反演所需横波和纵波波速测井资料,笔者根据式(5-2)和式(5-3)转换所需速度资料。

$$v_p = \begin{cases} (\rho/0.117)^{3.15} & 1.1 \leqslant \rho \leqslant 1.5 \\ (1\,418.5 + 759.70\rho) & 1.5 \leqslant \rho \leqslant 2.1 \\ (\rho/0.035)^{1.96} & 2.1 \leqslant \rho \leqslant 3.0 \end{cases} \quad (5\text{-}2)$$

$$v_s = \begin{cases} 0.52v_p - 45.31 & 1.1 \leqslant \rho \leqslant 1.6 \\ 0.61v_p + 10.95 & 1.6 \leqslant \rho \leqslant 3.0 \end{cases} \quad (5\text{-}3)$$

式(5-2)、式(5-3)分别描述了密度和纵波速度、纵波速度和横波速度经验转化公式,速度都皆以密度资料为基础转化而来。

研究区选取了 157,159,160,161,163 等 7 口测井资料参与反演运算,图 5-10 为矿区测井位置分布图。

此外,在反演计算中地震资料和层位时间也是必不可少的。完成 AI 反演需要常规叠后地震数据体,EI 反演针对某个角度的叠加数据体进行。层位时间数据主要是主采煤层底板的 T_0 时间。

5.4.2　叠前 EI 反演和叠后 AI 反演分析

叠前反演技术识别构造煤体是岩性地震反演的核心内容。孙学凯(2010)等建立四种不同煤体结构模型进行叠前正演模拟,计算证

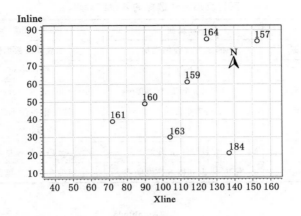

图 5-10 测区测井位置分布图

明归一化的 EI 数值对比 AI 数值降低的规律,并且随着煤体破坏结构程度的增大 EI 数值递减,瓦斯突出煤体即构造煤体结构 EI 值最低,随入射角的递增 EI 岩性识别能力不断提高。根据前人研究构造煤体在 EI 和 AI 数据体不同的数值特征,本节选取了中心角为 19°的角度叠加道集参与反演。

本区 EI 和 AI 反演均采用基于模型反演的方法,表 5-2 为两种方法反演过程选取的参数统计表。提取地震子波是反演计算关键环节,直接影响反演质量。通过计算地震记录自相关提取统计子波参与反演计算,图 5-11 为 EI 反演和 AI 反演采用的常相位子波(相位为 0°),子波的时间和频率响应相似。在建立初始模型时两种反演方法进行了带通滤波,地震资料对初始模型中高频部分不具有约束力(李庆忠,1998),一般选择保留 350 Hz 以下的频率部分。为了保证初始模型的可靠性,进行反演之前必须进行反演分析计算。

表 5-2
 两种反演方法选择的参数统计表

	EI 反演	AI 反演
地震数据	固定角度叠加道集	常规叠加数据体
反演子波	统计子波	统计子波
反演时窗	T3－50 ms 至 T15＋50 ms	T3－50 ms 至 T15＋50 ms
约束条件	硬约束条件±25％	硬约束条件±25％
迭代次数	100 次	100 次
建模类型	弹性波阻抗模型	声阻抗模型
建模的测井曲线	密度、纵波和横波速度曲线	密度和纵波速度曲线

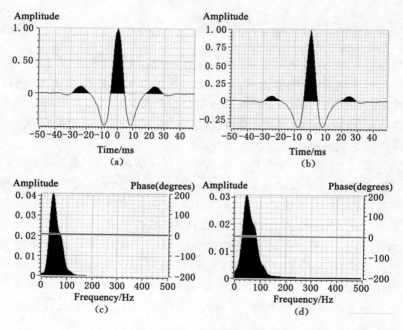

图 5-11　AI 和 EI 反演提取的常相位子波

（a）AI 子波的时间响应；（b）EI 子波的时间响应；

（c）AI 子波的频率响应；（d）EI 子波的频率响应

在正式反演计算之前对井旁的地震道执行单道反演完成反演分析,检验所选择参数是否有效可靠。一般从反演结果和初始模型的偏离程度,提取地震子波合成地震记录与原始地震记录的相关系数大小两个角度评价反演分析的效果。图 5-12 所示为 AI 和 EI 计算的反演分析结果,从图(a)和(b)可以看出,两种方法合成地震道和实际地震道相关系数都达到了 0.9 左右,参与 AI 反演的原始资料信噪比较高,其反演相关系数达到了 0.95;图(c)和(d)为其中的 2 口井反演分析的结果,曲线①代表初始模型,曲线②代表反演结果,两者偏离程度不大,而且目的层反演结果和初始模型基本吻合。经过反演分析以后即可确定所选反演参数。

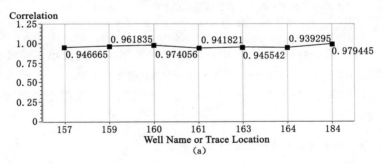

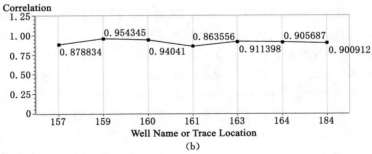

图 5-12　AI 和 EI 反演分析的结果

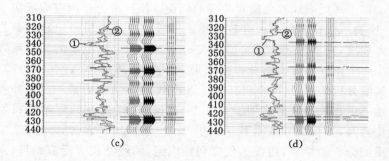

续图 5-12 AI 和 EI 反演分析的结果
(a) AI 反演分析——井合成地震记录和实际地震道相关系数;
(b) EI 反演分析——井合成地震记录和实际地震道相关系数;
(c) 157 井 AI 反演分析结果;(d) 160 井 EI 反演分析结果

经上述分析可知,无论从合成地震记录相关系数大小还是反演结果与初始模型的吻合程度角度来看,AI 和 EI 反演完全达到了反演精度的要求,反演参数较合适,可以推广应用来完成整个地震数据体反演。

5.4.3 联合 EI 和 AI 反演预测构造煤

利用反演分析确定的反演参数完成阳泉新景佛洼矿区 AI 和 EI 岩性反演工作。一般来说,EI 反演技术考虑到了振幅随入射角的变化,摆脱了传统垂直入射假设的限制,利用了固定角度叠加数据来完成反演计算,理论上反演结果更能反映岩性变化。在实际的计算中参与反演的地震资料信噪比不同,常规叠后资料叠加次数较高,分辨率皆不相同,造成两种反演结果分析对比困难。如图 5-13 所示某条 inline 线中心角 19°的角度叠加剖面和常规叠后地震剖面,显而易见叠后数据连续性较强和信噪比较高,在不对等的前提下,EI 反演要比 AI 反演效果差且反演理论误差也较大。

因此,AI 反演的结果可靠性较强,根据反演结果解释须考虑反

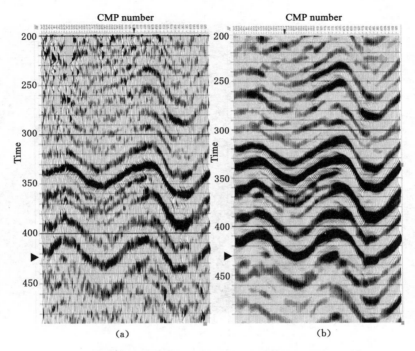

图 5-13　某条 inline 线 19°的叠加数据和常规叠后地震剖面
(a) 19°角度叠加数据剖面；(b) 常规叠后地震剖面

演误差引起的虚假异常。图 5-14 为某 inline 线 AI 和 EI 反演剖面，笔者把反演结果归一化到(0,1)之间以保证 AI 和 EI 结果具有可对比性。由图可知，EI 反演受到角度道集影响，信噪比较低、连续性较差；然而煤层顶底板岩性的识别能力 EI 反演略胜一筹，由椭圆形标记的区域，更易识别煤层顶底板岩性变化。从岩性识别角度分析，EI 反演分辨率较高。

　　图 5-15 显示 15# 煤层 AI 反演切片和 EI 反演切片图，标记为②的多边形区域波阻抗值较小，其他区域波阻抗值较大，其中，EI 反演对高波阻抗探测较为灵敏，高波阻抗边界较为清晰，标记为①的多边形圈定区域证明了该结论。

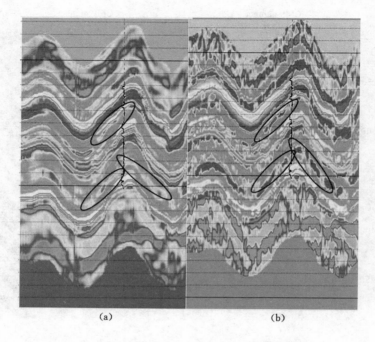

(a)　　　　　　　　　　　　(b)

图 5-14　某 inline 线 AI 和 EI 反演结果剖面图

(a) AI 反演；(b) EI 反演

图 5-16 显示 15[#] 煤层的反演结果误差图，AI 反演负误差小于
－1 000，正误差小于 1 000，而 EI 反演负误差可达－1 500，正误差与
AI 接近。显然，EI 反演误差较大，解释过程中对反演误差较大的区
域须仔细斟酌。一般来说，构造煤的波阻抗比正常煤体结构要低，图
5-15 中②标记的多边形区域代表解释目的区域。

　　总之，EI 反演利用角度叠加数据体，考虑到了入射角随偏移距变
化效应，反演剖面分辨率明显提高，有利于进行更细致的岩性探测。
在实际操作中，EI 计算受到原始地震资料的限制，提高 EI 反演效果必
须提高原始地震资料的采集质量，并且抽取的角度道集缺少大炮检距
数据，角度道集个别道缺失部分记录，以上皆是 EI 岩性反演成功应用

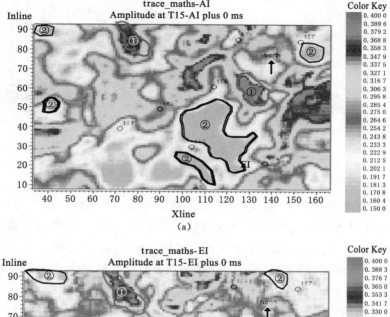

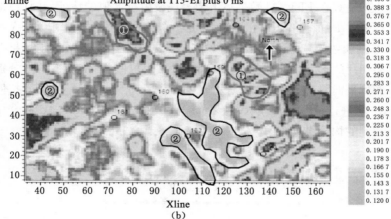

图 5-15　15#煤层 AI 和 EI 反演切片图

（a）AI 结果；（b）EI 结果

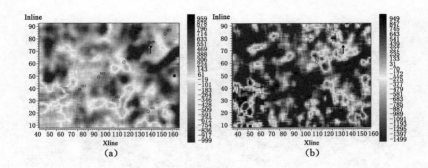

图 5-16　15#煤层 AI 和 EI 反演误差切片
（a）AI 反演误差切片；（b）EI 反演误差切片

的瓶颈,充分发挥 EI 反演优势,这是必须要重视的问题。常规 AI 反演有很严重的平均效应,岩性探测能力不及 EI 反演,煤田勘探领域成熟应用 EI 反演技术是实现构造向岩性勘探过渡的必由之路。

　　构造煤在 EI 和 AI 数据体上皆表现波阻抗低值的特征,并且理论上构造煤 EI 值会更低(孙学凯,2010)。统计相邻 20 个 CDP 的 AI 和 EI 数据如图 5-17 所示,AI 数值均高于 EI 值。根据岩性反演的结果把煤层切片的 EI 波阻抗值(≤0.17)和 AI 波阻抗值(≤0.2)CMP 点分别投影到平面图上,如图 5-18 所示。再将满足 EI 阻抗值小于 AI 阻抗值CMP 点进行投影,如图 5-19 所示,多边形圈定区域为 EI 与 AI 联合反演预测的构造煤分布区。

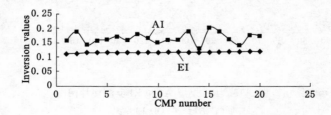

图 5-17　选取部分煤层 AI 和 EI 数据散点图

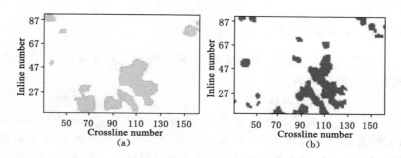

图 5-18　AI 值(≤0.2)和 EI 值(≤0.17)投影平面图

(a) AI 值(≤0.2)投影；(b) EI 值(≤0.17)投影

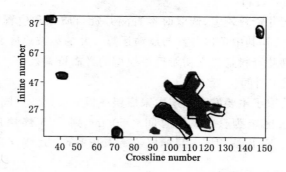

图 5-19　CMP(EI<AI)投影平面图

5.5　基于同步反演的构造煤预测

同步反演作为一种岩性地震反演的重要手段,属叠前反演范畴。同步反演可计算波阻抗体、速度体等岩石物性体,并通过反演结果组合计算 $\lambda * \rho, \mu * \rho$ 等岩性指示因子。本节通过反演阳泉佛洼区各种岩性体,评价 $15^{\#}$ 煤层中构造煤的分布情况,结合 AI 和 EI 联合反演解释结果,来保证叠前反演解释结果的可靠性。

5.5.1　反演所需资料

同步反演与其他反演方法类似,所需资料包括地震资料、测井资料和煤层层位时间。

(1)矿区地震资料

笔者共抽取了 5 个角度道集:中心角分别为 $7°,10°,13°,16°$ 和 $19°$ 的角度部分叠加道集,参与同步反演。由于原始采集炮检距有限,抽取的角度道集部分缺失,反演计算过程插值计算生成的道集会降低资料的分辨率。

(2)测井资料

本区测井资料较多,选取时本着测井资料质量和位置的均匀分布为原则,选择其中 7 口井参与反演运算。井的纵波速度、横波速度以及密度测井资料是建立初始反演模型的必需资料。

(3)层位时间

本区拾取了主要发育 3 层主采煤层底板的反射波。同步反演的目标区域选区定为 T3 底板时间 -50 ms 到 T15 煤层底板时间 $+50$ ms,与 EI 反演相同。目标层位是未开采的 $15^{\#}$ 煤层。

5.5.2　同步反演过程

同步反演作为基于褶积模型的一种反演算法,其中地震子波的提取是反演的关键步骤之一。针对每个角度叠加道集提取子波,此时通常被称为角度子波,不同角度子波略有差异,如图 5-20 所示。利用统计法提取 5 个角度子波。

采用 EI 反演已经校正完毕精度较高的测井曲线建立同步反演初始模型。在建模之前,要确定两年 $\ln Z_p, \ln Z_s$ 和 $\ln Z_p, \rho$ 之间的线性关系,验证其是否满足同步反演的基本前提条件。利用反演选择的 7 口井资料分析线性关系,图 5-21 为建立的线性关系交会图,直线即为拟合的线性关系曲线,用式(5-4)与式(5-5)表示。

$$\ln Z_s = 1.149\ln Z_p - 1.929 \qquad (5-4)$$

$$\ln \rho = 0.441\ln Z_\mathrm{p} - 3.21 \qquad (5\text{-}5)$$

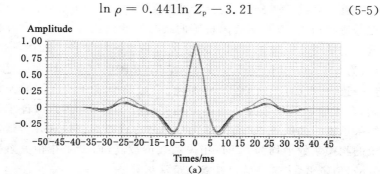

(a)

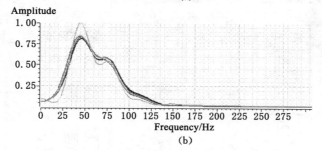

(b)

图 5-20　角度子波的时间和频率响应

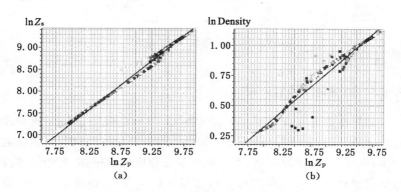

图 5-21　线性关系交会图

　　首先完成反演分析,选择恰当参数以确保反演结果的可靠性。在合适时窗内,以预测波阻抗等曲线与原始曲线偏离大小和井合成地震记录与井旁地震道相关系数大小角度进行评价。如图 5-22 所示,为其中一口井的同步反演分析结果,预测曲线和原始曲线基本趋势一致,在目标层位两者基本吻合,不过其中横波波阻抗的误差较大,合成地震记录和井旁地震道相关系数达到了 0.95,保证了反演结果精度。如图 5-23 所示,参加反演井合成地震记录和井旁地震记录的相关系数平均为 0.94,相关系数值较高,而 164 井相关系数为 0.87,值较低,未选择该口井参与反演运算。

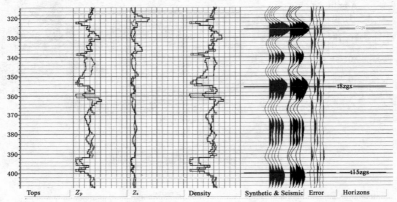

图 5-22　同步反演反演结果分析(以其中一口井为例)

5.5.3　预测构造煤的分布

　　利用中心角为 7°、10°、13°、16°和 19°的角度叠加道集完成同步反演计算。通过反演计算生成 6 种物性参数体:纵波波阻抗、横波波阻抗、纵波速度、横波速度、密度和纵横波速度比数据体,其中纵横波阻抗和纵横波速度比由另外 3 种数据体转化而来,彼此之间并不独立。Inline49 线纵波波阻抗、横波波阻抗、密度以及纵横波速度比剖面,如图 5-24 所示。在纵横波波阻抗和纵横波速度剖面上煤层表现

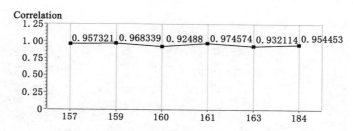

图 5-23 参与反演计算的井的合成地震记录和井旁地震记录的相关系数

低值,波阻抗值较低区域代表煤层发育,纵横波速度比剖面上煤层呈现高值,速度比值较大区域和波阻抗值较低区域相对应。图中各种物性数据体之间有很强的线性相关性,这与所需测井曲线利用经验公式转换所得有密切关系。

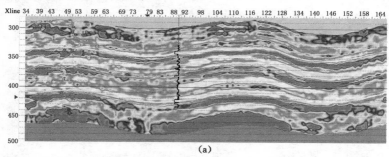

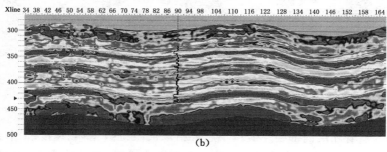

图 5-24 同步反演物性剖面图

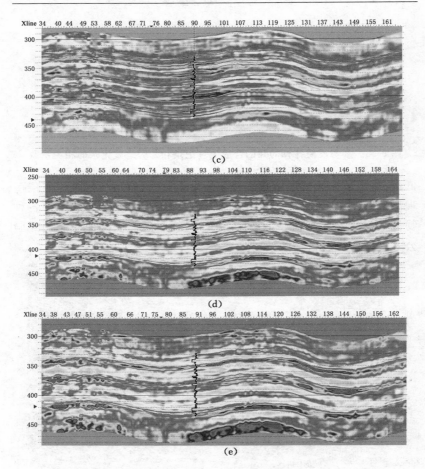

续图 5-24　同步反演物性剖面图
(a) 纵波波阻抗剖面；(b) 横波波阻抗剖面；
(c) 纵横波速度比剖面；(d) 纵波速度剖面；(e) 横波速度剖面

　　沿着煤层内部物性值最小趋势拾取波阻抗数据体、速度和密度数据体，沿着煤层中值最大趋势拾取纵横波速度比数据体层位，生成沿 15# 煤层物性切片，如图 5-25 所示。构造煤体低高异常区域较为一致,纵横波速度比的高异常区域和其他岩性体的低异常区域重合度较高。

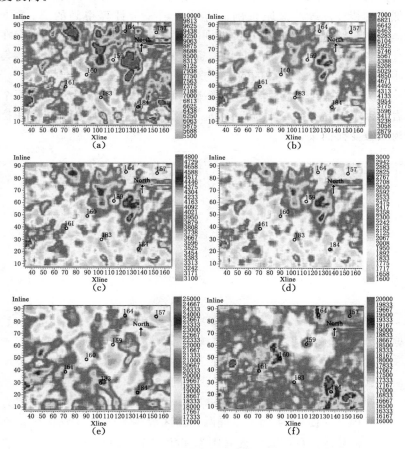

图 5-25　同步反演数据体沿煤层切片

(a) 纵波波阻抗切片;(b) 横波波阻抗切片;(c) 纵波波速切片;
(d) 横波波速切片;(e) 密度切片;(f) 纵横波速度比切片

在纵横波波阻抗切片上构造煤表现低值,切片上波阻抗值较低区域解释为构造煤分布的地方,在纵横波速度切片上构造煤同样表现为低值,纵横波速度比则表现为较高值;密度曲线是单独反演求解的,和其他切片相似性较低,某些细节有差别,构造煤发育区域呈现低值的特征。纵波波阻抗剖面等同于前一节计算得到的 AI 数据体,却明显降低了高波阻抗的识别能力,其他几种物性参数同样存在分辨率较低的缺点。推断与地震资料的分辨率密切相关,角度道集明显存在着分辨率不高的问题。

为了解决生成物性参数分辨率较低的问题,重新组合计算两个岩性因子解释参数:$\lambda * \rho$ 和 $\mu * \rho$。它们是从常见的纵波、横波和拉梅系数变换而来。

$$v_{\mathrm{p}} = \sqrt{\frac{K + \frac{4}{s}\mu}{\rho}} \qquad (5\text{-}6)$$

$$v_{\mathrm{s}} = \sqrt{\frac{\mu}{\rho}} \qquad (5\text{-}7)$$

$$K = \lambda + \frac{2}{3}\mu \qquad (5\text{-}8)$$

$$\lambda * \rho = Z_{\mathrm{p}}^2 - 2Z_{\mathrm{s}}^2 \qquad (5\text{-}9)$$

$$\mu * \rho = Z_{\mathrm{s}}^2 \ (Z_{\mathrm{p}} = v_{\mathrm{p}}\rho, Z_{\mathrm{s}} = v_{\mathrm{s}}\rho) \qquad (5\text{-}10)$$

岩性指示因子是关于纵横波波阻抗数据的数学变形。波阻抗数据体分辨率较低且岩性识别能力较差,而经过变换的岩性指示因子在分辨率和岩性识别能力两方面都有明显改善。图 5-26 为同步反演数据体经过 $\lambda * \rho$ 和 $\mu * \rho$ 变换获得的 inline49 物性剖面图。

如图 5-26 所示,经过 $\lambda * \rho$ 和 $\mu * \rho$ 变换对高波阻抗的识别能力有一定程度的提高,剖面中用椭圆标画区域在图 5-24 纵横波阻抗剖面上未被分辨。从高波阻抗岩体探测角度来看,经过数学变换的岩性指示因子数据体更具优势。

依照煤层中 $\lambda * \rho$ 和 $\mu * \rho$ 值最小的趋势拾取层位,生成沿 15# 煤层切片如图 5-27 所示。从分辨能力角度来说,变换数据体突出了煤层中高波阻抗体边界,明显优于同步反演其他岩性体,构造煤相比正常煤层表现低异常,切片异常位置一致,并且与同步反演其他物性

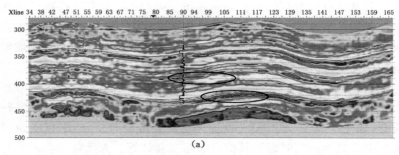

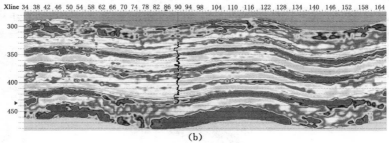

图 5-26　$\lambda * \rho$ 和 $\mu * \rho$ 变换剖面图

（a）$\lambda * \rho$ 属性剖面图；（b）$\mu * \rho$ 属性剖面图

体切片相比异常的边界范围较为吻合。

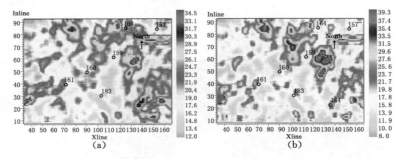

图 5-27　$\lambda * \rho$ 和 $\mu * \rho$ 沿煤层切片

（a）$\lambda * \rho$ 沿煤层切片；（b）$\mu * \rho$ 沿煤层切片

与其他物性数据体相比,$\lambda * \rho$和$\mu * \rho$数据体明显提高了煤体结构识别和岩性探测的能力。笔者将$\lambda * \rho \leqslant 15$,$\mu * \rho \leqslant 10$作为识别煤层中构造煤体的标准,通过生成$\lambda * \rho$和$\mu * \rho$交会图来解释煤层结构中构造煤分布的区域。

制作$15^{\#}$煤$\lambda * \rho$和$\mu * \rho$沿煤层切片交会图:以$\lambda * \rho$和$\mu * \rho$切片作为交会图X与Y坐标,沿着切片时间层位经过的各数据点进行交会,如图5-28所示。图中点皆为层位经过的数据点,未以层位时间为中心选择一定时窗取其他点参与交会计算。人为将交会图划分7个区域,构造煤具有较低的$\lambda * \rho$和$\mu * \rho$的特征,将图中左下角的点解释为构造煤发育区域如图5-29所示,左下角长方形区域为解释的构造煤区域,并对其他区域进行了粗略划分。

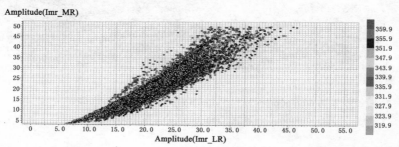

图5-28　$15^{\#}$煤$\lambda * \rho$和$\mu * \rho$沿煤层切片交会图

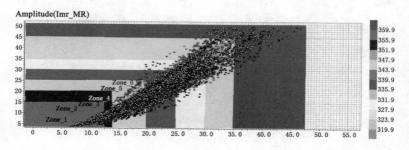

图5-29　$15^{\#}$煤$\lambda * \rho$和$\mu * \rho$沿煤层切片交会图区域划分图

　　将交会图区域划分类型应用到整个属性数据体,沿 15# 煤层拾取层位计算交会图划分区域切片,生成构造煤区域划分 CMP 点投影平面图,如图 5-30 所示,多边形区域圈出 A、B、C、D、E、F 和 G 七处低 $\lambda * \rho$ 和 $\mu * \rho$ 区域作为同步反演预测的构造煤发育区最终成果。为了更好地解释构造煤发育,验证叠前岩性反演方法的有效性,将同步反演结果与上节弹性波阻抗和声阻抗结果联合解释,并将图 5-19 弹性波阻抗所解释的多边形异常区域进行投影。对比解释两种反演方法的异常成果,两种方法解释成果基本一致,其中异常区域范围较大的是 D 和 E 两处,两类岩性反演方法都有明显的异常,为解释的可靠区域;A、C、G 三处构造煤异常区域较小,弹性波阻抗反演异常范围基本与同步反演圈定范围相一致,解释较为可靠,故将此三处定为构造煤解释较可靠区域;B 和 F 两处弹性波阻抗反演异常范围与同步反演圈定范围不同,将两处定为构造煤解释不可靠区域。根据构造煤分布区的解释结果,推断 D 和 E 两处发生瓦斯突出的可能性较大,A、C、G 三处发生瓦斯突出可能性较小,B 和 F 两处发生瓦斯突出的可能性最小。

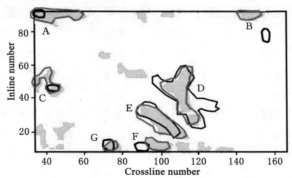

图 5-30　$\lambda * \rho (\leqslant 15)$ 和 $\mu * \rho (\leqslant 12)$ 交会图区域划分
15# 煤层切片 CMP 点投影图

5.6   研究区煤与瓦斯突出危险性综合评价

本章利用三种岩性地震反演方法对佛洼区 $15^{\#}$ 煤层的构造煤分布进行了预测：PNN 反演以地震属性数据作为输入生成了孔隙率数据体，采用 $19°$ 角度叠加道集完成了 EI 反演数据体并联合常规叠加剖面生成的 AI 反演数据体进行综合解释，并应用了与弹性波阻抗同属叠前反演的同步反演技术生成了 $\lambda * \rho$ 和 $\mu * \rho$ 两个岩性指示因子数据体。三类岩性反演方法从构造煤特有的岩性特征角度出发完成了煤层中构造煤分布区的预测，受到方法本身的限制和实际地震测井资料的局限，做到联合应用各类反演结果，引入了综合评价因子的概念，这里是指三种岩性反演结果的一次线性函数，来解释研究 $15^{\#}$ 煤层构造煤的分布区，以完成煤与瓦斯突出危险性的预测评价。

综合评价因子 X 表示为式(5-11)：

$$X = \omega_0 x_p + \omega_1 x_a + \omega_2 x_e + \omega_3 x_\lambda + \omega_4 x_\mu \tag{5-11}$$

式中，x_p 表示归一化后的孔隙率属性值；w_0 代表孔隙率综合评价权系数；x_a 表示归一化后的声波阻抗属性值；w_1 代表声波阻抗综合评价权系数；x_e 表示归一化后的弹性波阻抗属性值；w_2 代表弹性波阻抗综合评价权系数；x_λ 表示归一化后的 $\lambda * \rho$ 属性值；w_3 代表 $\lambda * \rho$ 综合评价权系数；x_μ 表示归一化后的 $\mu * \rho$ 属性值；w_4 代表 $\mu * \rho$ 综合评价权系数。

如何确定合理的综合评价因子权系数是非常值得商榷的问题。由于孔隙率数据体分辨率较低，并且 AI 和 EI 数据体作为外部属性参与了孔隙率反演过程，弹性波阻反演和同步反演技术属于独立的叠前岩性反演技术，反演计算的 EI，$\lambda * \rho$ 和 $\mu * \rho$ 数据体分辨率较高，对岩性和流体具有较强的探测能力，笔者基于生成岩性数据体分辨率和数据体之间相关关系为依据，令 $w_0 = 0.1, w_1 = 0.1, w_2 = 0.4, w_3 = 0.2, w_4 = 0.2$，故综合评价因子表示为：

$$X = 0.1x_p + 0.1x_a + 0.4x_e + 0.2x_\lambda + 0.2\mu \tag{5-12}$$

　　由于15#煤层还未开采,无法准确确定综合评价因子与各属性岩性体之间的相关关系以及各权系数大小,只能综合考虑方法的先进性和数据体之间的相关关系来粗略估计综合评价因子权系数大小。文中权系数完全人为所定,煤层开采后,可根据实测数据进行拟合确定综合评价因子与各属性之间的关系和权系数大小。

　　计算综合评价因子首先对各种反演数据体进行归一化处理。孔隙率数据体构造煤发育区具有高异常特征,而 AI 和 EI 等数据体具有明显低异常的特征,为突出构造煤异常,对孔隙率数据归一化以后取负,在计算中综合评价因子权系数取 -0.1。将图 5-9 中 15# 煤层内部预测孔隙率的切片数据,图 5-15 中 15# 煤层内部 AI 和 EI 反演切片数据以及图 5-27 中 15# 煤层内部 $\lambda * \rho$ 和 $\mu * \rho$ 切片数据归一化以后带入综合评价因子的表达式,计算 15# 煤层预测综合评价因子 X 沿层切片如图 5-31 所示。综合评价因子 X 位于 $(0,0.8)$ 之间,综合评价因子 X 呈现越低异常,构造煤发育倾向越大。

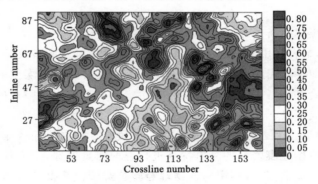

图 5-31　15# 煤层综合评价因子沿煤层切片图

　　图 5-31 中综合评价因子 X 介于 $(0.6,0.8)$ 之间,确定为无构造煤分布区域,解释为无煤与瓦斯突出危险煤层;综合评价因子 X 介于 $(0.45,0.6)$ 之间,确定为几乎无构造煤分布区域,解释为几乎不可能发生煤与瓦斯突出煤层;综合评价因子 X 介于 $(0.3,0.45)$

之间,确定为构造煤可能较小范围分布区域,解释为煤与瓦斯突出可能性较小煤层;综合评价因子 X 介于(0.15,0.3)之间,确定为构造煤可能较大范围分布区域,解释为易发生煤与瓦斯突出煤层;综合评价因子 X 介于(0,0.15)之间,确定为构造煤分布区域,解释为煤与瓦斯突出高危煤层。根据综合评价因子划分的构造煤分布区,预测 15$^{\#}$ 煤层有瓦斯突出危险的区域占三分之一,其中解释为高危突出煤层不到全区的十分之一,这些区域回采时要注意检测瓦斯涌出量,尤其高危突出煤层,回采前采取有效措施进一步确定瓦斯地质情况,防患于未然;对于煤层其他无构造煤与构造煤分布较小区域,占本区三分之二,推断该区发生瓦斯突出的可能性较小,在有效检测瓦斯含量的技术条件下,可以加快回采速度以提高生产效率。

5.7 本 章 小 结

阳煤集团新景煤矿在掘进和回采过程中多次发生了煤与瓦斯突出事故,笔者利用 PNN 反演、弹性波阻抗反演以及同步反演等岩性地震反演手段完成了新景煤矿佛洼区 15$^{\#}$ 煤层的构造煤预测,首次实现综合利用各类岩性反演结果评价煤与瓦斯突出危险性的设想,主要完成了以下几个方面工作。

(1)准备反演所需地震资料和测井资料。根据研究区地震地质条件及原始地震资料的品质特点进行叠前保真处理,生成常规叠加和角度叠加数据体;利用岩性物理经验公式转化获得煤田测井资料反演必需的速度和孔隙率测井资料。

(2)以地震属性数据作为输入,通过 step-wise 方法寻找到最佳属性组合,利用交叉验证确定组合的属性种类数目,训练 PNN 反演生成孔隙率数据体来预测 15$^{\#}$ 煤层构造煤的潜力区,作为定性解释依据,粗略预测构造煤的分布区域。

(3)完成叠前弹性波阻抗和常规声波阻抗反演。叠前反演应用

19°角度数据体,其信噪比较低,单纯依靠解释易出现虚假异常。笔者联合构造煤在 AI 和 EI 两种数据体异常特征,将 EI≤0.17 和 AI≤0.2 作为标准识别构造煤,将满足条件的 CMP 点投影平面图作为弹性波阻抗反演的定量解释成果。

(4)通过同步反演手段获得纵波阻抗、横波阻抗和纵横波速度比等 6 个岩性数据体,利用数学变换生成分辨率较高的岩性指示因子——$\lambda * \rho$ 和 $\mu * \rho$ 数据体。以 $\lambda * \rho \leqslant 15, \mu * \rho \leqslant 10$ 作为标准识别构造煤体,生成岩性指示因子交会图,将满足条件的 CMP 点投影平面图作为同步反演技术的定量解释成果。

(5)同步反演结果与弹性波阻抗反演定量解释结果综合对比解释,实践证明两种解释成果基本一致。

(6)笔者提出了综合评价因子的概念,综合利用各种岩性反演数据体。作为孔隙率体、AI、EI、$\lambda * \rho$ 和 $\mu * \rho$ 5 种归一化数据体的线性组合,根据数据分辨率大小和相关关系分配权重。根据综合评价因子 X 大小划分了 5 个区间:X 数值介于(0.15,0.3)和(0,0.15)区域,预测为构造煤可能较大范围分布区域和构造煤分布区域,定量解释为易发生煤与瓦斯突出煤层和煤与瓦斯突出高危煤层,占三分之一左右,其中,解释为高危突出煤层不到全区的十分之一,对这些地方回采要注意检测瓦斯涌出量,尤其高危突出煤层,在回采前采取有效措施进一步确定瓦斯地质情况,防患于未然;X 数值在(0.3,0.8)区间预测为无构造煤、几乎无构造煤分布或者构造煤可能较小范围分布区域,占本区三分之二,此时可加快回采速度以提高生产效率。

6 总 结

阳煤集团新景煤矿被确定为瓦斯突出矿井,笔者利用岩性地震反演手段评价了矿区 15# 煤层构造煤分布情况,以此作为煤层瓦斯突出危险性评价的重要指标。以构造煤与原生煤体显著物性差异为依据,反演生成基于地震属性技术的 PNN 反演孔隙率体,基于叠前角度道集的 EI 反演数据体与常规叠后数据反演的 AI 数据体,并通过同步反演技术生成纵波波阻抗、横波波阻抗、$\lambda * \rho$ 和 $\mu * \rho$ 岩性体,联合各种反演数据体定性和定量解释 15# 煤层的构造煤异常区并预测了构造煤分布区域,完成了该矿区的煤与瓦斯突出危险性评价任务。

6.1 主要结论

借鉴油气勘探领域叠前岩性反演经验,将弹性波阻抗技术和同步反演技术应用到煤田岩性勘探领域,尝试利用岩性地震反演方法来完成对构造煤分布的探测任务。主要结论如下:

(1) 归纳了构造煤与原生煤不同的地球物理特征,总结了描述岩石物理性质的经验公式,为速度、密度以及其他岩石物理量相互转化提供依据。为后续研究该领域的学者提供理论参考。

(2) 完成原始地震资料的叠前保真处理。进行地表一致性预测反褶积、地表一致性振幅补偿以及地表一致性剩余静校正等地表一致性处理过程,应用 CGG 软件 lemur 模块去除原始地震资料较强的线性干扰,剩余静校正与速度分析迭代进行,并将多次速度分析的精确速度场用于抽取角度道集。

（3）训练 PNN 挖掘地震属性与孔隙率属性之间的非线性关系，计算佛洼区孔隙率数据体。反演过程融合了常规反演结果和多种地震属性，降低了常规反演的多解性，将结果作为 15# 煤层构造煤分布预测的定性解释依据。

（4）利用 19°角度道集和常规叠后 CMP 道集完成了佛洼区弹性波阻抗和声波阻抗的反演工作。EI 反演明显提高了反演剖面分辨率，突出了高波阻抗体。联合 AI 和 EI 两种数据体定量解释了 15# 煤层构造煤的分布。

（5）通过同步反演计算纵横波波阻抗和速度等 6 个岩性数据体，利用 LMR 数学变换生成两个岩性指示因子——$\lambda * \rho$ 和 $\mu * \rho$ 数据体，在岩性指示因子数据体提取沿煤层切片制作交会图来定量解释 15# 煤层构造煤分布区域。

（6）孔隙率切片作为定性解释成果，EI（$\leqslant 0.17$）与 AI（$\leqslant 0.2$）且满足 EI＜AI 切片数据和 $\lambda * \rho \leqslant 15$，$\mu * \rho \leqslant 10$ 切片数据交会图作为定量解释结果圈定构造煤分布区。综合利用各种岩性反演方法解释结果，提高解释结果可信度。

（7）提出了物理量综合评价因子 X——孔隙率、AI、EI、$\lambda * \rho$ 和 $\mu * \rho$（归一化后）数据的线性组合，作者依据此物理量大小将全区划分为 5 个区间：数值介于（0.15,0.3）和（0,0.15）区域解释为构造煤可能较大范围分布区域和构造煤分布区域，即为易发生煤与瓦斯突出煤层和煤与瓦斯突出高危煤层，占全区总面积的三分之一，其中，高危突出煤层不到全区的十分之一；其他区域解释为无构造煤或者构造煤分布较小区域，占全区总面积的三分之二。

6.2　研究创新点

本书通过岩性地震反演手段实现了煤与瓦斯突出危险性评价的地质任务，具有以下创新点：

（1）首次将 PNN 地震属性反演方法应用于评价煤层构造煤发育，利用优选的地震属性组合计算孔隙率数据体，以此作为构造煤定性评价和解释的地质依据。

（2）生成 EI（≤0.17）& AI（≤0.2）且满足 EI＜AI 煤层切片数据 CMP 投影图与 $\lambda*\rho$≤15 & $\mu*\rho$≤10 切片数据交会图联合完成构造煤分布定量解释。尝试利用叠前岩性地震反演方法定量解释煤层中构造煤分布区域。

（3）首次提出综合评价因子的概念。根据该物理量大小预测煤层中构造煤的分布区域，充分利用各种岩性反演信息完成瓦斯突出危险性的评价工作。

6.3　展　　望

利用岩性地震反演方法实现煤与瓦斯突出预测尚处于实践阶段。完成叠前地震反演是一项庞大工程，原始资料的叠前保真处理和叠前反演理论的应用皆涉及很多方面，在研究过程中各个环节皆需大量精力投入。受原始资料和时间精力的限制，难免存在不足之处。可以从以下五个方面来进一步完善该研究。

（1）参加反演计算的速度和孔隙率测井资料由经验公式转换获得，与实际资料相比存在较大误差，势必造成反演解释精度下降，叠前反演岩性探测优势受到限制。因此，煤田领域开展较全面的测井工作，为反演提供精确的横波速度资料和孔隙率资料是提高反演解释效果必须解决的问题。

（2）基于构造煤与煤层瓦斯突出的相关关系，间接评价瓦斯突出危险性是本书的立脚点。构造煤在 PNN 反演计算生成的孔隙率数据体、弹性波阻抗反演的 EI 以及同步反演的 $\lambda*\rho$ 和 $\mu*\rho$ 数据体皆表现了比其他煤体结构略低的特征，即为识别构造煤分布的判断标准。众所周知，瓦斯突出是一个与很多因素相关、极其复杂的地质现象，须研究岩性反演结果与其他影响瓦斯突出因素的相关关系——比如顶板岩性。一般地认为泥岩封盖性好,瓦斯易保存,砂岩封盖性较差,从砂泥岩岩性差异的属性岩性体入手研究煤层顶板岩性分布的差异,为评价瓦斯突出提供新的地质依据。这也是后续研究方向之一。

(3)佛洼区地表地质条件较复杂,单炮之间能量差距较大且干扰波较严重,主要应用了静校正、地表一致性处理和叠前去噪处理模块,完成叠前地震保幅处理。事实上抽取的角度叠加道集和生成的常规叠加道集信噪比存在较大差别,且部分角度道缺失小部分记录,受到地震资料的限制,削减了叠前反演岩性探测能力。研究如何提高真正实际资料角度道集信噪比,是发挥叠前反演优势亟待解决的基本问题。

(4)EI反演和同步反演方法均属于叠前反演范畴,率先在油气勘探领域成熟发展。两种方法皆基于 Zeoppritz 方程近似公式,推导过程满足石油储层的近似条件。而煤系地层与石油储层岩层地质截然不同,煤田领域需要按照煤系地层特征推导反演公式作为理论基础,建立一套煤田勘探特有反演理论体系。

(5)构造煤通常作为瓦斯富集储层,是进行瓦斯突出危险性预测的前提,笔者笼统地将弹性参数异常区作为构造煤体分布区域。然而原生煤体也可作为瓦斯富集的煤储层,两种煤体瓦斯富集区有相似的地球物理响应特征。当原生煤体和构造煤体共同作为煤层气富集储层时,无法从预测结果上明确区分是哪种煤体引起的地震响应异常。寻找两种煤体具有差异响应的岩性参数是解决这一难题的切入点。

参 考 文 献

[1] 何继善.瓦斯突出地球物理研究[M].长沙:中南工业大学出版社,1999.

[2] 程五一,张序明.煤与瓦斯突出区域预测理论及技术[M].北京:煤炭工业出版社,2005.

[3] 周世宁.煤层瓦斯赋存与流动理论[M].北京:煤炭工业出版社,1999.

[4] 俞启香.矿井瓦斯防治[M].徐州:中国矿业大学出版社,1993.

[5] 张子敏,张玉贵.瓦斯地质规律与瓦斯预测[M].北京:煤炭工业出版社,2005.

[6] 彭苏萍,高云峰,杨瑞召,等.AVO探测煤层瓦斯富集的理论探讨和初步实践——以淮南煤田为例[J].地球物理学报,2005,48(6):1475-1486.

[7] 于不凡,王佑安.煤矿瓦斯灾害防治及利用技术手册[M].北京:煤炭工业出版社,2000.

[8] 聂百胜,何学秋,王恩元,等.用电磁辐射法非接触预测煤与瓦斯突出[J].煤矿安全,2000(2):41-43.

[9] 王忠文.电磁辐射技术在鹤岗南山煤矿突出预测中的应用[J].矿业安全与环保,2008,35(5):22-25.

[10] 聂百胜.煤与瓦斯突出预测技术研究现状及发展趋势[J].中国安全科学学报,2003,16(6):40-43.

[11] 张宏伟,李胜.煤与瓦斯突出危险性的模式识别和概率预测[J].岩石力学与工程学报,2005,24(19):3577-3581.

[12] 刘长双,温彦良.基于分形理论的煤与瓦斯突出区域预测研究[J].采矿技术,2006,6(4):43-63.

[13] 聂崇举,周昌福.煤矿煤与瓦斯突出的非线性预测系统研究[J].煤炭技术,2010,29(10),94-96.

[14] 王超,宋大钊,杜学胜,等.煤与瓦斯突出预测的距离判别分析法及应用[J].采矿与安全工程学报,2009,26(4):470-474.

[15] 孙燕,杨胜强,王彬,等.用灰关联分析和神经网络方法预测煤与瓦斯突出[J].中国安全生产科学技术,2008,4(3):14-17.

[16] 苗琦,杨胜强,欧晓英,等.煤与瓦斯突出灰色—神经网络预测模型的建立及应用[J].采矿与安全工程学报,2008,25(3):309-313.

[17] 龙王寅,朱文伟.利用测井曲线判识煤体结构探讨[J].中国煤田地质,1999,11(3):64-69.

[18] 王恩元,何学秋,聂百胜,等.电磁辐射法预测煤与瓦斯突出原理[J].中国矿业大学学报,2000,29(3):225-229.

[19] 石显鑫,蔡栓荣,冯宏,等.利用声发射技术预测预报煤与瓦斯突出[J].煤田地质与勘探,1998,26(3):60-65.

[20] 邹银辉,赵旭生,刘胜,等.声发射连续预测煤与瓦斯突出技术研究[J].煤炭科学技术,2005,33(6):61-65.

[21] 张宏伟,李胜.煤与瓦斯突出危险性的模式识别和概率预测[J].岩石力学与工程学报,2005,24(19):3577-3581.

[22] 王保丽,印兴耀,张繁昌.基于 Gray 近似的弹性波阻抗方程及反演[J].石油地球物理勘探,2007,42(4):435-439.

[23] 印兴耀,张世鑫,张繁昌,等.利用基于 Russell 近似的弹性波阻抗反演进行储层描述和流体识别[J].石油地球物理勘探,2010,45(3):373-380.

[24] 孟宪军,姜秀娣,黄捍东,等.叠前 AVA 广义非线性纵、横波速度反演[J].石油地球物理勘探,2004,39(6):645-650.

[25] 马劲风.地震勘探中广义弹性波阻抗的正反演[J].地球物理学

报,2003(46):118-124.

[26] 孙学凯.煤储层叠前岩性参数反演方法研究[D].徐州:中国矿业大学,2011:69-71.

[27] 赵馨.地震数据处理中叠前数据去噪应用研究[D].北京:中国地质大学(北京),2008:14-36.

[28] 张恒超.叠前多域去噪技术应用开发研究[D].北京:中国地质大学(北京),2006:11-16.

[29] 程玉坤.针对弹性参数反演的叠前去噪技术应用研究[D].北京:中国石油大学,2008:20-27.

[30] 郭爱华.叠前时间偏移技术的应用研究[D].北京:中国地质大学(北京),2006:9-12.

[31] 李庆忠.论地震约束反演的策略[J].石油地球物理勘探,1998,33(4):423-438.

[32] 姚宝魁,孙广忠,尹代勋,等.煤与瓦斯突出的区域性预测[M].北京:中国科学出版社,1993.

[33] 杨双安,宁书年,张会星,等.三维地震勘探技术预测瓦斯的可行性研究[J].煤田地质与勘探,2006(34):72-74.

[34] 汪志军,刘盛东,路拓,等.煤体瓦斯与地震波属性的相关性实验[J].煤田地质与勘探,2011(39):63-68.

[35] 李博,李忠辉,杨明,等.电磁辐射技术在演马庄矿防突中的应用[J].煤炭科学技术,2009(37):30-33.

[36] 胡朝元,彭苏萍,杜文凤,等.利用地震AVO反演预测煤与瓦斯突出[J].天然气地球科学,2011(22):728-732.

[37] 陈奇.2011年度我国煤矿安全生产情况报告[J].煤矿支护,2012(2):4-6.

[38] 刘企英.利用地震信息进行油气预测[M].北京:石油工业出版社,1994.

[39] 阎馨,付华.基于案例推理和数据融合的煤与瓦斯突出预警[J].东南大学学报(自然科学版:增刊),2011(41):59-64.

［40］阎馨,付华.基于软测量和数据融合的煤与瓦斯突出预测［J］.
合肥工业大学学报,2009,32(9):1308-1311.

［41］杨双安,宁书年,张会星,等.三维地震勘探技术预测瓦斯的可
行性研究［J］.煤田地质与勘探,2006(34):72-74.

［42］曲争辉.构造煤结构及其对瓦斯特性的控制机理研究［D］.徐
州:中国矿业大学,2010:190-195.

［43］李娟娟,崔若飞,潘冬明,等.概率神经网络技术在煤田地震反
演中的应用研究［J］.地球物理学进展,2012,27(2):715-721.

［44］李娟娟,崔若飞,潘冬明,等.基于多属性变换的煤田波阻抗反
演应用研究［J］.工程地球物理学报,2012,9(6):641-645.

［45］Brown A R. Seismic attributes and their classification［J］. The
Leading Edge,1996,15(10):1096.

［46］Borwn A R. Internation of three-dimensional seismic data
［M］. Fourth Edition. AAPG Memoir.

［47］Brown A R. Understanding seismic attributes［J］. Geo. Phy-
sics,2001,66(l):47-48.

［48］Chen Qiang,Sindey S. Seismic attribute technology of resver-
orifore easting and monitoring［J］. The Leading Edge,1997,
16(5):445-450.

［49］Chen Qiang,Sindey S. Advances seismic attribute technology
［C］. 67th Ann. Intnerat. Mtg. , Soc. Expl. Geophys. , Ex-
panded Absrtacts,1997.

［50］Specht Donald. Probabilistic neural networks［J］. Neural Net-
works, 1990(2):109-118.

［51］Masters T. Signal and image processing with neural networks
［M］. John Wiley&Sons Inc. , 1994.

［52］Masters T. Advanced algorithms for neural networks［M］.
John Wiley&Sons Inc. , 1995.

［53］Patrick Connolly. Elastic impedance［J］. The Leading Edge,

1999,18(4):438-452.

[54] Whitcombe D N. Elastic impedance normalization[J]. Geophysics,2002(67):60-62.

[55] Whitcombe D N. Extended elastic impedance for fluid and lithology[J]. Geophysics,2002,67(1):63-67.

[56] Bruce Verest. Elastic impedance revisited[C]. EAGE 66th conference & exhibition, 2004.

[57] Russell B H. The application of multivariate statistics and neural networks to the prediction of reservoir parameters using seismic attributes[D]. Alberta: University of Calgary, 2004:1-16.

[58] Schultz P S,Ronen S,Hattori M,etc. Seismic guided estimation of log properties,Parts1,2 and 3[J]. The Leading Edge, 1994,13(5-7):305-776.

[59] Hampson D P,Schuelke J,Quirein J. Using multi-attribute transforms to predict log properties from seismic data[J]. Geophysics,2001(66):220-231.

[60] Hampson D P,Russell B H,Bankhead B. Simultaneous inversion of pre-stack seismic data:Ann. Mtg. Abstracts[J]. SEG, 2005:1633-1637.

[61] Vernik L. Estimation of Net-to-gross from P and S Impedance:Part-3D Seismic Inversion[C]. 71th SEG,2001.

[62] Amit K Ray,Samir Biswal. An efficient method of effective porosity prediction using an unconventional attribute through multi-attribute regression and probabilistic neural network: A case study in a deep-water gas field,East Coast of India[C]. SEG,2010:1413-1417.

[63] An P,Moon W M. Reservoir Characterization Using Feed forward Neural Networks[C]. SEG,2005:258-260.

[64] Saggaf M M, Nafi Toksozz M, Mustafa H M. Estimation of reservoir properties from seismic data by smooth neural networks[J]. Geophysics, 2003, 68(6): 220-236.

[65] Malleswar Yenugu, Jeremy C Fisk, Kurt J Marfurt. Probabilistic Neural Network inversion for characterization of coalbed methane[C]. SEG, 2010: 2906-2910.

[66] Pramanik A G, Singh V, Vig R, et al. Estimation of effective porosity using geostatistics and multiattribute transforms: A case study[J]. Geophysics, 2004(69): 352-372.

[67] Koefoed O. On the effect of Poisson's ratio of rock strata on reflection coefficients of plane waves[J]. Geophysical Prospecting, 1955(3): 391-387.

[68] Bortfeld. Approximation to the reflection and transmission coefficients of plane longitudinal and transverse waves[J]. Geophysical Prospecting, 1961.

[69] Richard P J, Frasier C W. Scattering of elastic waves from depth-dependent inhomogeneities[J]. Geophysics, 1976, 41(5): 441-458.

[70] Aki K I, Richards P G. Quantitative seismology[M]. W. H. Freeman and Co., 1980.

[71] Shuey. A simplification of the zoeppritz equations[J]. Geophysics, 1985(50): 609-614.

[72] Wyllie M R J. The fundamentals of electric log interpretation [M]. Academic Press, 1963.

[73] Wyllie M R J, Gregory A R, Gardner G H F. An experimental investigation of factors affecting elastic wave velocities in porous media[J]. Geophysics, 1958(23): 459-493.

[74] Wyllie M R J, Gregory A R, Gardner L W. Elastic wave velocities in heterogeneous and porous media[J]. Geophysics, 1956 (21): 41-70.

[75] Gassmann F. Uber die elastizitat poroser medien[J]. Viertel-jahrsschr. Der Naturforsch. Gesellschaft,1951(96):1-21.

[76] Raymer L L,Hunt E R,Gardner J S. An improved sonic transit time-to-porosity transform[C]. Well Log Analysts 21st Annual Logging Symposium,1980.

[77] Faust L Y. A velocity function including lithologic variation [J]. Geophysics,1950(18): 271-288.

[78] Gardner G H F,Gardner L W,Gregory A R. Formation velocity and density—The diagnostic basics for stratigraphic traps [J]. Geophysics,1974(39):770-780.

[79] Lindseth R O. Synthetic Sonic Log-a process for stratigraphic interpretation[J]. Geophysics,1979(44):3-26.

[80] Castagna J P,Batzle M L,Kan R L. Rock physics—The link between rock properties and AVO response[C]. Tulsa,Oklahoma: Investigations in Geophysics,1993:135-171.

[81] Kim D Y. Synthetic Velocity Log[C]. 33rd Annual International SEG Meeting,1964.

[82] Rudman A J. Transformation of resistivity to pseudo-velocity logs[J]. AAPG Bulletin,1975,59(7):1151-1165.

[83] McCoy R L,Smith R F. The use of interlog relationship for geological and geophysical evaluations[C]. SPWLA 12th Annual Logging Symposium,1979.

[84] Pickett G. Acoustic character logs and their applications in formation evaluation [J]. J. Petr. Tech. ,1963(15):650-667.

[85] Castagna J P,Batzle M L,Eastwood R L. Relationships between compressional-wave and shear-wave velocities in elastic silicate rocks[J]. Geophysics,1985(50):571-581.

[86] Greenberg M L,Castagna J P. Shear wave velocity estimation in porous rocks[C]. Geophys Prospecting,1992(40):195-209.

[87] Dunkin J W, Levin F K. The effect of normal moveout on a seismic pulse[J]. Geophysics, 1973, 38(4): 635-642.

[88] Spratt S. Effects of normal moveout errors on amplitude[C]. 57th Ann. Internat. Soc. Expl. Geophys. , Expanded Abstracts, 1987:634-637.

[89] Ross C P. AVO and nonhyperbolic moveout: A practical example[J]. First Break, 1997, 15(2): 43-48.

[90] Antonio C B. AVO Processing calibration[J]. The Leading Edge, 1998, 17(8):1075-1082.

[91] Kastner U, Buske S. Computing geometrical spreading from traveltime[C] Ann. Internat. Soc. of Expl. Geophys, 1999: 1739-1742.

[92] Ettrich N. Offset-dependent geometrical spreading in isotropic laterally homogeneous media using constant velocity gradient models[C]. Soc. of Expl. Geophys, 2000(67):1612-1615.

[93] Ruger A. Variation of P-wave reflectivity with offset and azimuth in anisotropic media, Applied seismic anisotropy: theory, background, and field studies[C]. Soc. of Expl. Geophys, 2000:277-289.

[94] Mirza Naseer Ahmad, Philip Rowell. Application of spectral decomposition and seismic attributes to understand the structure and distribution of sand reservoirs within Tertiary rift basins of the Gulf of Thailand[J]. The Leading Edge, 2012 (7):630-634.

[95] Zoeppritz K, Erdbebenwellen VIIB. On the reflection and propagation of seismic waves [J]. Gottinger Naehriehten, 1919:66-78.

[96] Simth G C, Gidlow P M. Weighted stacking for rock property estimation and detection of gas[J]. Geophysics, 1984, 49(6):

1637-1648.

[97] Kalkomey C T. Potential risks when using seismic attributes as predictors of reservoir properties[J]. The Leading Edge, 1997,16(9):247-251.

[98] Bruce Verest. Elastic impedance revisited[C]. EAGE 66th conference & exhibition,2004.

[99] Satinder Chorpa, Kurt J Marfurt. Seismic attributes for prospect identification and reservoir characterization[M]. Tulsa: Society of Exploration Geophysicist, 2007a.

[100] Satinder Chopra,Kurt J Marfurt. Curvature attribute applications to 3D surface seismic data[J]. The Leading Edge, 2007b(5):404-414.

[101] Satinder Chopra, Kurt J Marfurt. Volumetric curvature attributes add value to 3D seismic data interpretation[J]. The Leading Edge, 2007c(7):856-867.

[102] Satinder Chopra,Kurt J Marfurt. Emerging and future trends in seismic attributes [J]. The Leading Edge, 2008 (3): 298-318.

[103] Satinder Chopra,Somana Misra,Calgary Kurt J. Marfurt. Coherence and curvature attributes on preconditioned seismic data[J]. The Leading Edge, 2011(5):386-393.

[104] Helene Hafslund Veire, Martin Landro. Simultaneous inversion of PP and PS seismic data[J]. Geophysics,2006(71): 1-10.

[105] Houyin, Yujiro Ogawa. Pore structure of sheared coals and related coalbed methane[J]. Environmental Geology, 2001 (40):1455-1461.